CADMOS

REITERPRAXIS

Der Weg zum
Reitbegleithund

CADMOS

REITERPRAXIS

Lesen
Lernen
Wissen

Sabine Lang

Der Weg zum Reitbegleithund

Pferd, Hund und Mensch – ein harmonisches Team

Ein großes Dankeschön

Ich möchte mich herzlich bedanken bei meiner Familie, allen Freunden und Kunden, die mich während der Entstehungszeit dieses Buches unterstützten und Verständnis hatten, dass ich mich zurückgezogen habe.

Ein herzlicher Dank auch an alle Zwei- und Vierbeiner, die sich bei den Fototerminen für geniale Bilder im Buch beteiligten und die mit viel Motivation und Geduld dafür sorgten, dass es allen sehr viel Spaß gemacht hat.

Vor allem möchte ich mich bei allen meinen Wegbegleitern – ob Mensch oder Tier – bedanken, die es mir ermöglichten und mir heute noch dabei helfen, mich persönlich zu entwickeln, und mir den Weg zur harmonischen Dreiecksbeziehung von Pferd, Hund und Mensch ebnen.

Allergrößter Dank gilt meinem Pferd Buddy – danke, mein Buddyboy – und meinem Hund Nanuk – danke, mein Bär. Sie sind heute noch meine Lehrer, und ohne sie wäre ich nicht dort, wo ich jetzt stehe.

Impressum

Copyright © 2008 by Cadmos Verlag GmbH, Brunsbek
Gestaltung: Ravenstein + Partner, Verden
Satz: Grafikdesign Weber, Bremen
Titelfoto: Nadja Strässle
Fotos: Josef Gerstmeir, Sabine Reidinger, Nadja Strässle, Anne Wittich
Lektorat: Anneke Bosse
Druck: agensketterl Druckerei, Mauerbach
Alle Rechte vorbehalten.

Printed in Austria

ISBN 978-386127-565-7

Inhalt

(Foto: Wittich)

Ein paar Worte vorab

Meine ersten Erfahrungen mit Pferden machte ich im Alter von vier Jahren mit Maxl, einem Pony, das ich mir mit meinen Geschwistern teilte und das mich lehrte, wie Pferde behandelt werden möchten. Diverse verschiedene Pferde und Hunde, von denen ich sehr viel lernen konnte, begleiteten mich seither durch mein Leben. Doch erst, als ich mich 1998 als Pferdeausbilderin und Reitlehrerin selbstständig machte, erfüllte ich mir meine beiden Kindheitsträume: eigener Hund und eigenes Pferd. Nanuk, geboren am 28.05.2000, ist ein Husky-Schäfer-Malamute-Mix – nicht gerade eine optimale Rassezusammenstellung für einen Reitbegleithund, doch ich hatte mich einfach in Nanuk verliebt. Seit seinem ersten Lebenstag ist er mein ständiger Begleiter, er ist heute noch mein Lehrer und hat mich zu dem gemacht, was ich heute kann und bin.

Im April 2001 suchte ich mir den Quarterhorsemix-Wallach Buddy aus. Der damals Vierjährige ging bei der ersten Begegnung gleich mit stampfenden Vorderbeinen auf Nanuk los. Nun, und das sollte ein Hundebegleiter werden? Ein braves, gelassenes Pferd, das den Hund achtet und aus uns ein harmonisches Team werden lässt? Als Pferdeausbilderin verließ ich mich darauf, dass Buddy noch ein junges Pferd war – und auf mein Bauchgefühl.

Die ersten gemeinsamen Ausritte erlebten wir noch im gleichen Jahr, der erste Wanderritt folgte im Jahr darauf. 2002 begann ich, neben meinen üblichen Reitvorführungen auf Messen den Horse and Dog Trail mit meinen Vierbeinern vorzustellen. Von nun an hatte mich das Fieber gepackt, und meine Tiere waren wie ich begeistert von der neuen Herausforderung und dem gemeinsamen Spaß.

Nanuk, der bis dahin eher unmotiviert am Pferd gelaufen war, entwickelte sich zu einem fantastischen Reitbegleithund. Er spürte, dass er am Pferd gebraucht wurde und dort nun eine wichtige Aufgabe hatte. Er fühlte die Freude seines Frauchens, wenn er brav bei Fuß am Pferd mitlief und die Trailhindernisse so gut bewältigte.

Meine Prüfung zum Trainer B Breitensport absolvierte ich zum Spezialthema „Basisausbildung von Pferd, Hund und Reiter, Ausbildung zum Reitbegleithund", nachdem es bis dahin kein Angebot für die Ausbildung von Pferd, Hund und Mensch gegeben hatte. Mittlerweile arbeite ich an der Entwicklung einer Reitbegleithundeprüfung und einer anerkannten neuen Ausbildungsrichtung zum Trainer für Pferd und Hund.

Auf meinen Horse and Dog-Vorführungen zeige ich den Weg zur harmonischen Dreiecksbeziehung von Menschen mit ihren Vierbeinern auf. Meine Kursteilnehmer unterstütze ich dabei, eine solche Partnerschaft aufzubauen und zu stärken. Dieses Buch soll einen weiteren Beitrag für eine bessere, pferde- und hundegerechte Verständigung zwischen Pferd, Hund und Mensch leisten. Eines ist für mich dabei am Allerwichtigsten: Zeigen Sie Ihren Tieren Ihre wahre Freude – sie werden es Ihnen danken.

Sabine Lang, im September 2008

(Foto: Wittich)

Ein Reitbegleiter – was ist das eigentlich?

Was verstehen Sie unter einem Reitbegleithund? Einen Hund, der als treuer Begleiter vertrauensvoll und gelassen an der Seite des Pferdes läuft und dabei freudig und verlässlich auf die Kommandos des Reiters hört? Haben wir da nicht eine hohe Erwartung an unseren treuen Gefährten Hund?

Und dann möchten wir auch noch ein Pferd haben, das gelassen, ruhig und doch sensibel auf unsere reiterlichen Hilfen reagiert, den Hund respektiert und ihm vertraut. Was wir da verlangen, ist die harmonische Zusammenarbeit von zwei in ihren Instinkten und Körpersprachen unterschiedlichen Tieren, von Jäger und Beutetier. Sie würden ohne den Menschen als Vermittler nicht miteinander harmonieren.

Pferd und Hund – zwei unterschiedliche Lebewesen

Die Entwicklung des Pferdes kann über 60 Millionen Jahre zurückverfolgt werden. Vor rund 5000 Jahren wurde das Pferd vom Menschen als Haustier domestiziert. Der Mensch hat das Pferd zuerst gejagt, dann gehütet und für seine Zwecke als gerittener Helfer im Kampf und als Fortbewegungsmittel geprägt. Schon viel früher, wohl bereits vor 15000 Jahren, domestizierte der Mensch den Hund und begann, ihn für seine Zwecke zu selektieren und zu züchten – anfangs wahrscheinlich als Nahrung und Fellnutzung, später erkannte man seine Vorteile als Sozialpartner, Jagdhelfer und Beschützer des Territoriums.

Das Pferd als Herdentier braucht die Gemeinschaft der Herde, um überleben zu können. Das Leittier bietet der Herde Sicherheit durch soziale Kompetenz, die sich aus Erfahrung und instinktivem Wissen ergibt. Das Leittier hat von allen Herdenmitgliedern den stressigsten Job: Es muss Gefahren frühzeitig erkennen, ständig fluchtbereit sein und der Herde den Weg zeigen.

Das rangniedere Pferd hingegen kann, wenn es die Grenzen annimmt, entspannt fressen, da es sich durch eine klare Rangordnung beschützt und geborgen fühlt. Das Pferd sucht also instinktiv nach Partnern, bei denen es Schutz und Sicherheit findet. Es sucht nach einer souveränen und selbstsicheren Führungspersönlichkeit – ob Pferd oder Mensch –, an der es sich orientieren und der es vertrauen kann.

Auch der Hund lebt in einer sozialen Gemeinschaft, dem Rudel. Obwohl der Familienverband nicht streng hierarchisch organisiert ist, braucht der Hund Rangbeziehungen, die für ihn klar durchschaubar mit Bindungsverhältnissen gefestigt sind. Die Sozialgemeinschaft des Rudels sichert

> **Was ist der Mensch ohne Tiere? Wären alle Tiere fort, so stürbe der Mensch an großer Einsamkeit des Geistes.**
>
> *Häuptling der Suquamish- und Duwamish-Indianer*

den einzelnen Mitgliedern die Erfüllung der Grundbedürfnisse (Jagd nach Futter, Sicherheit im eigenen Territorium, Fortpflanzung, körperliche Zuwendungen). Es gibt keine ausgeprägte Futterrangordnung. Auf der anderen Seite ist jeder Hund ein Individualist und Egoist und möchte seine Bedürfnisse als Erster befriedigen. So funktioniert ein Rudel nicht ohne Dominanzbeziehungen, wobei immer zwischen Konkurrent und Partner abgewogen wird.

Das Leittier, das oft auch als „Rudelführer" oder „Alphatier" bezeichnet wird, erkämpft sich nicht den Status des Rang-

höchsten. Im Rudel (beobachtet bei frei lebenden Wölfen und Hunden) sind die Eltern liebevolle und fürsorgliche Leittiere, sind anerkannt und werden geachtet. Die Eltern zeichnen sich durch Toleranz, Freundlichkeit und Fürsorglichkeit gegenüber ihren Schützlingen aus. Schutz und Wohlbefinden stehen im Vordergrund, Grenzen werden im richtigen Moment gesetzt.

Instinkte treffen aufeinander

Pferd und Hund würden ohne den Vermittler Mensch in der freien Natur nicht miteinander zurechtkommen. Der Instinkt ist ein angeborener, das Überleben sichernder Trieb und Drang, der durch innere und äußere Reize ausgelöst werden kann.

Beim Pferd sind die Schreckhaftigkeit und die Bereitschaft zur Flucht Urinstinkte. Das Pferd sieht den Hund zwar heutzutage in unserer Zivilisation nicht mehr als einen Jäger (Wolf oder Puma). Dennoch ist er für das Pferd instinktiv ein Angreifer, vor dem es davonrennen möchte, wenn es auf der Koppel von ihm gehetzt oder in die Beine geschnappt wird.

Überwiegend wählen Pferde die Flucht als Problemlösung – abhängig davon, wie groß die Gefahr eingeschätzt wird. Bei einer Gefahr auf dem eigenen Territorium (zum Beispiel auf der Koppel) wird das Pferd sich eher für einen Angriff entscheiden, da hier auch sein Futter- oder Schutzbereich ist und zudem keine Ausweichmöglichkeit besteht. Eine weitere Möglichkeit besteht darin, dass das Pferd Demutsgesten und Unterwürfigkeit zeigt. Diese jedoch wird der Hund nicht verstehen und sein Jagd- oder Hüteverhalten deshalb nicht stoppen. Mehr zu den unterschiedlichen Körpersprachen auf Seite 14.

Der Mensch als Vermittler ist notwendig, damit die beiden so unterschiedlichen Lebewesen Pferd und Hund miteinander zurechtkommen.
(Foto: Strässle)

Wir können den Fluchtinstinkt des Pferdes weder durch Zucht noch durch Ausbildung vollständig auslöschen. Doch Pferde können lernen, den Fluchtreflex zu überwinden, die Angst abzubauen und uns zu vertrauen. Dabei können wir insbesondere die dem Pferd angeborene Neugier nutzen (siehe Gelassenheitstraining auf Seite 19). Wichtig ist, dass unser Pferd uns als Sicherheit vermittelnde, vertrauensvolle Führungspersönlichkeit, als Lehrer, annimmt.

Dem Fluchtinstinkt des Pferdes steht der Jagdinstinkt des Hundes gegenüber. Das Jagdverhalten ist also genetisch fixiert und tief verwurzelt, auch wenn unsere Hunde es heute nicht mehr nötig haben, ihr Futter selbst zu besorgen. Hunde hetzen (je nach Rasse) motiviert, teils unkontrolliert und kopflos, ohne ihre Beute (Pferde, Schafe …) fressen zu wollen. Schon das Rennen hinter einer Beute ist eine Art selbst belohnende Handlung, bei der Glückshormone ausgeschüttet werden. Hat ein Hund dieses Gefühl einmal erlebt – auch ohne das Erfolgserlebnis eines Beutefangs –, wird es für den Menschen schwierig, das Interesse des Hundes kurz vor einer erneuten erregenden Jagdsituation auf sich zu lenken.

Je nach Hunderasse zeigen sich in den Jagdsequenzen verschiedene Orientierungshaltungen (hohe Nase, tiefe Nase, Sichtjäger). Manche Rassen zeigen ein typisches Vorstehen als Signal des Jagdtriebs. Der Mensch muss deshalb vorausschauend denken, schnell genug die Signale des Hundes lesen und reagieren. Da Hunde auch durch Nachahmung lernen, muss man unbedingt darauf achten, dass der eigene Hund sich das Jagen nicht von einem anderen Hund abschaut.

Durch körperliche Zuwendung und sinnvolles Training mit Belohnung (Hüte-, Fährten-, Apportier- und Mantrail-arbeit) wird die Bindung zum Menschen gestärkt. Nimmt der Hund seinen Menschen als sozial kompetente Persönlichkeit an, der er vertrauen kann, ist er selbst an einer Bindung in dieser Mensch-Hund-Beziehung interessiert. Mit einer Zehn-Meter-Leine (Schleppleine) können Sie das Herankommen auf Zuruf üben, Verhaltenskorrekturen vornehmen und Gehorsams-übungen und Spiele (Apportieren) durchführen. Auch ein Hund mit ausgeprägtem Jagdtrieb kann durch gute Kommunikation, Erziehung und Bindung so weit ausgebildet werden, dass er später ohne Leine mit in den Wald gehen und die Freiheit mit dem Besitzer artgerecht genießen kann. Kontrollierter Freilauf (kein Davonlaufen) ist für jeden Hund für die eigenständige Erkundung seiner Umwelt und damit für die Entwicklung von Selbstsicherheit und Persönlichkeit wichtig. Die Schleppleine gibt in der Ausbildung mehr Freiheit und macht Hunden unglaublich viel Spaß.

Wenn Hunde Pferde jagen

Manche Menschen sehen es als Spiel an, wenn Hunde auf der Koppel Pferde jagen, ganz nach dem Motto: „Die tun sich nichts, die spielen nur." Doch dieses scheinbare Spiel ist leichtsinnig und sehr gefährlich, vor allem für den Hund. Allzu leicht wird er von einem Pferd überrannt oder getreten, und schon sind schlechte Erfahrungen gemacht und gespeichert. Jetzt dauert es unter Umständen sehr lange, bis dieses negative Erlebnis wieder in Vergessenheit gerät.

Schon die Position der Augen am Kopf zeigt, dass Pferd und Hund ihre Umwelt unterschiedlich wahrnehmen. (Fotos: Strässle)

Andere Sinne, andere Wahrnehmung

Pferde sind mit äußerst empfindlichen Wahrnehmungssinnen ausgestattet und zeichnen sich durch ihre Wachsamkeit aus. Sie kommunizieren über feinste körperliche Signale und Emotionen. Sie reagieren instinktiv sofort und denken nicht über ihr Verhalten nach. Sie entscheiden blitzschnell, ob eine Situation gefährlich oder ungefährlich ist, und reagieren je nach Erfahrung und gegebener Situation mit Flucht oder Angriff. Fohlen und junge Pferde versuchen auch, Konflikte durch Stehenbleiben (Erstarren) zu lösen.

Die Sinne des Hundes sind ganz speziell auf das Jagen ausgerichtet. Er sieht zwar nicht so scharf, doch bewegliche Objekte zehnmal besser als der Mensch. Außerdem ist das Sehvermögen in der Morgen- und Abenddämmerung ausgezeichnet, und die Pupillen passen sich den Lichtverhältnissen perfekt für die Jagd an.

Die Augen des Pferdes sind eher auf Weit- als auf Nahsicht ausgerichtet. Was sich direkt vor seiner Nase abspielt, kann es kaum erkennen. Die seitliche Position der Augen am Kopf ermöglicht eine Rundumsicht, schränkt aber das räumliche Sehen ein. Außerdem hat das Pferd einen toten Winkel direkt vor der Nase, auf dem Rücken und hinter dem Körper, den es nur überwinden kann, indem es den Kopf bewegt.

Immer wieder kommt es zu Missverständnissen in der Kommunikation zwischen Mensch und Pferd beziehungsweise Mensch und Hund, da Pferde und Hunde die Umwelt ganz anders wahrnehmen als wir.

Seitenwechsel

Die beiden Augen des Pferdes sind oft unterschiedlich geschult, und es nimmt die optischen Reize mit beiden Augen quasi einzeln wahr. Deshalb reagieren Pferde vielfach unsicher, wenn von der einen Seite vertraute Dinge plötzlich auf der anderen Seite auftauchen.

Das heißt: Läuft mein Hund immer auf der linken Seite des Pferdes, ist es gut möglich, dass es bei einem Seitenwechsel nach rechts unsicher wird, obwohl es den Hund kennt. Darum ist es wichtig, beide Seiten gleich zu trainieren, zum Beispiel bei der Bodenarbeit und beim Gelassenheitstraining (siehe auch Seite 19).

Besonders wichtig bei der gemeinsamen Ausbildung von Pferd und Hund ist auch zu wissen, dass die Haut des Pferdes äußerst empfindsam ist. Schon eine Fliege, die sich auf das Pferd setzt, wird an jeder Körperstelle wahrgenommen, und sogar Schwingungen aus der Luft und der Erde kann das Pferd mit der Haut spüren. Deshalb ist es nicht ratsam, den Hund mit den Vorderpfoten und Krallen beim An- oder Ableinen an das Pferd springen zu lassen. Dem Pferd tut dies weh, sodass es mit dem Hund Negativerlebnisse verknüpft und sich schließlich zu wehren beginnen wird. Besser ist es, dem Hund beizubringen, sich mit seinen Vorderpfoten am Steigbügel, am Bein des Reiters, an der Satteldecke oder am Sattel abzustützen.

Für Hunde ist der Tastsinn von großer Bedeutung, da sie über Berührungen kommunizieren und soziale und emotionale Bindungen mit anderen Hunden und Menschen aufbauen. Durch Berührungen können Hunde messbar beruhigt werden – der Puls wird langsamer und die Atmung regelmäßiger. Welpen, die viel von Menschen gestreichelt werden, entwickeln sich positiv, sind im Allgemeinen selbstbewusster, zeigen weniger negative emotionale Reaktionen und sind lernfreudiger.

Sicherheit durch Körperkontakt

Einem unsicheren oder gestressten Hund hilft es sehr, wenn er gestreichelt wird oder ihm die Möglichkeit gegeben wird, selbst Körperkontakt aufzunehmen (zum Beispiel durch Anlehnen an ein Bein des Menschen). Schulter, Rücken und Hals des Hundes sind besonders empfänglich für diese Sicherheitsgeste.

Die wichtige Rolle des Menschen: Er sorgt dafür, dass der Hund nicht weiter vom Fohlen bedrängt wird, bevor es zu Konflikten kommt. (Foto: Reidinger)

Verschiedene Körpersprachen

Die Körpersprache ist bei Pferden, Hunden und Menschen ein immens wichtiges Kommunikationsmittel. Wir Menschen setzen sie vor allem unbewusst ein – doch die Wirkung gerade auf Tiere ist enorm. Sie erkennen schon an unserer Haltung, ob wir eher unsicher sind. Bestimmte körperliche Signale, zum Beispiel eine hohe Körperspannung oder ein direkter Blickkontakt, werden von den Tieren als Angriffshaltung gedeutet. Gerade Pferde sind meisterhaft darin, uns in der Widersprüchlichkeit unserer körperlichen Signale zu entlarven.

Um verstehen zu können, warum unsere Tiere in bestimmten Situationen bestimmte Verhaltensweisen zeigen, müssen wir ihre Körpersprache lernen. Dann können wir als Leitbild in der Erziehung vorausschauend handeln und unseren Tieren Sicherheit und Orientierung in der sozialen Gemeinschaft geben.

Das Pferd kommuniziert fast ausschließlich über Ausdrucksverhalten und Körpersprache. Auf diesem Wege kann es mitteilen, ob es sich freundlich annähert, imponiert, droht, flieht, sich unterwirft, spielt, ob es entspannt oder aufmerksam ist oder ob es Angst und Stress verspürt. Besonders die Stellung der beweglichen Ohrmuscheln verrät sehr viel über den Gemütszustand und die Aufmerksamkeit des Pferdes.

Trainingstipp

Dolmetscher gefragt

Ein Hund kann die leise Körpersprache des Pferdes nicht verstehen. Deshalb sind wir als Menschen gefragt, in bestimmten Situationen als „Dolmetscher" einzugreifen. Zeigt das Pferd gegenüber dem Hund zum Beispiel eine Demutsgeste (Ohren seitlich hinten und körperliches Weichen) oder Drohverhalten (Ohren flach angelegt, Nüstern hochgezogen, eventuell Schweifschlagen und angehobenes Hinterbein), ist es für uns höchste Zeit, unserem Hund mitzuteilen, dass er die Individualdistanz zum Pferd wieder einzuhalten hat. Ansonsten

wird das Pferd als nächste Stufe dazu übergehen, sich zu wehren und unter Umständen nach dem Hund zu treten. Gleichzeitig müssen wir unserem Pferd deutlich machen, dass es sich in unserer Nähe nicht von einem Hund angegriffen fühlen muss.

Ein Hund, der sehr viel mit Pferden und dem Menschen als Dolmetscher zusammen ist, kann lernen, sehr feinfühlig auf die Körperspannungen des Pferdes zu reagieren. Mein Hund Nanuk hält sofort die Individualdistanz zum Pferd ein, wenn er spürt, dass das Pferd unsicher ist.

Auch Hunde teilen über die Körpersprache ihren Artgenossen wichtige Informationen mit. So gehen viele Hunde Konflikten aus dem Weg, indem sie Signale der Beschwichtigung oder Unterordnung zeigen. Durch Kontakt- und Distanzverhalten zei-

Die Drohgebärde des Hundes (links) als Abbruchsignal wird von dem anderen Hund verstanden und akzeptiert, sodass es zu keinen weiteren aggressiven Handlungen kommt. (Foto: Wittich)

gen sie, inwieweit sie die Individualdis-tanz unterschreiten lassen und zum Spiel oder intimeren Kennenlernen bereit sind. Bereits ab dem Welpenalter müssen Hunde die Möglichkeit bekommen, durch Kontakt zu Artgenossen diese Werkzeuge der Kommunikation verstehen zu lernen, Abbruch- und Drohsignale (Fixieren, Knurren) bis hin zu Abbruchhandlungen (gezieltes Anspringen, Schnauzengriff) als Grenzen anzunehmen sowie die Beißhemmung zu erlernen. Doch Vorsicht: Welpenschutz gibt es nur im eigenen Familienrudel.

So lernen frech agierende Junghunde, dass Hemmungslosigkeit in bestimmten Lebenssituationen unangenehme Konsequenzen haben kann, jedoch die vertrauens-volle Rangbeziehung ungefährdet bleibt. Dies ist sehr wichtig für eine gute Sozialisierung und für das spätere Lernverhalten beim Menschen.

Hunde in Konfliktsituationen zeigen oft auch Übersprunghandlungen (Ersatzhandlungen). Sie bewegen sich dann zwischen zwei Verhaltensweisen (Flucht oder Angriff) bei einem Motivationskonflikt, zum Beispiel in Momenten der Verunsicherung. Diese Übersprungshandlungen dienen vor allem der eigenen Beruhigung und dem Stressabbau und zeigen sich etwa dadurch, dass der Hund gähnt, sich die Nase leckt, sich kratzt, Bögen läuft oder ohne Grund am Boden schnüffelt oder scharrt. Doch Vorsicht: Das Lecken kann auch nur darauf hindeuten, dass der Hund ein Leckerli erwartet, das Gähnen kann einfach ein Zeichen von Müdigkeit sein und ein schnüffelnder Hund hat vielleicht schlicht einen interessanten Geruch in der Nase. Auch das Wedeln mit der Rute ist zwar meist ein Zeichen für positive Stimmung, kann jedoch zusammen mit angespannter Körperhaltung Ausdruck dafür sein, dass der Hund extrem erregt ist und Imponiergehabe zeigt.

Mit Signalen der Körpersprache bringen Hunde zum Beispiel Beschwichtigung, Demut, eine Spielaufforderung, Versöhnung, Drohung, Dominanz oder Imponiergehabe zum Ausdruck.

Individualdistanz bewahren

Hunde zeigen beim Begrüßen anderer Hunde, aber auch gegenüber Pferden und Menschen oft das Maulwinkellecken als Beschwichtigungsgeste zur Kontaktaufnahme. Manche Hunde fordern diese Geste jedoch eher provokant ein. Der Mensch sollte dann durch Abwenden des Blicks und Wegdrehen des Körpers Abbruchsignale senden oder einen provokanten Hund sogar als Abbruchhandlung wegschubsen, damit der Hund sich nicht angewöhnt, jeden Menschen oder jedes Pferd respektlos anzuspringen und dabei die Individualdistanz des anderen Lebewesens zu durchbrechen.

Individuelle und Rassenunterschiede

Innerhalb der verschiedenen Rassen unterscheiden sich Hunde und Pferde natürlich durch die individuelle Persönlichkeit, den Charakter, aber auch die Sozialisation und Prägung. So liegt generell die Reizschwelle gegenüber Stress bei Vollblütern und Warmblütern niedriger als bei Kaltblütern – dennoch reagiert nicht jeder Haflinger gleich gelassen oder jeder Vollblutaraber gleich empfindlich.

Beim Hund sind je nach Rasse die Instinkte von Jagen, Hüten oder Treiben jeweils dominant verankert. Auch die Lernfähigkeit unterscheidet sich.

Australian Sheperds und Border Collies sind zum Beispiel intelligente Hütehunde mit großem Arbeitseifer. Sie können tolle Reitbegleithunde sein, wenn sie sachkundige Erziehung genießen und anderweitig (Hüteersatzbeschäftigung) körperlich ausgelastet sind, also nicht angestaute Energien ans Pferd mitbringen.

Golden Retriever und Labradore haben einen nur mittelstark ausgeprägten Jagdtrieb und eignen sich bei solider Ausbildung gut als Reitbegleiter. Dalmatiner wurden regelrecht als Reit- beziehungsweise Kutschenbegleiter gezüchtet. Sie sind allerdings wetterempfindlich.

Grundsätzlich lässt sich sagen, dass ein Hund mit hohem Jagdtrieb kein idealer Reitbegleithund beziehungsweise nicht für jeden Menschen geeignet ist. Andererseits kommt es vor allem auf die verantwortungsvolle Ausbildung und auf die jeweilige Persönlichkeit des Hundes an.

(Foto; Gerstmeir)

Basics bei Pferd, Hund und Mensch

Um gemeinsam mit Pferd und Hund arbeiten zu können, ist es selbstverständlich, dass bei beiden Vierbeinern eine solide Grundausbildung vorhanden sein muss. Mit einem Pferd, das noch nicht gelernt hat, beim Aufsteigen zuverlässig still zu stehen, und mit einem Hund, der nicht auf grundlegende Stimmhilfen reagiert, macht es keinen Spaß und auch keinen Sinn, das gemeinsame Training aufzunehmen.

Zur Ausbildung von Pferd und Hund gibt es diverse Fachbücher – eine Auswahl empfehlenswerter Titel finden Sie auf Seite 77. An dieser Stelle können und sollen die wichtigsten Grundlagen deshalb nur kurz aufgeführt werden.

Ihr Hund bekommt als Reitbegleiter eine neue Aufgabe. Er liebt es, gebraucht zu werden und das Gefühl zu bekommen, wichtig zu sein – das gibt ihm eine große Motivation. Ihr Pferd wird bei einem gut ausgebildeten Hund körperlich und psychisch entspannter sein – auch deshalb, weil auf einmal die Aufmerksamkeit des Reiters nicht mehr ausschließlich beim Pferd liegt und sich dadurch die Erwartungshaltung verringert.

Wenn das Vertrauen zum Menschen vorhanden ist, kann ein Pferd lernen, gelassen auch auf eigentlich beängstigende Dinge zu reagieren. (Foto: Reidinger)

Was Pferde können sollten

Damit die reiterliche Einwirkung vom Pferd verstanden wird und damit die Kommunikation zwischen Mensch und Pferd vom Sattel aus überhaupt funktioniert, ist eine gründliche Basisausbildung unverzichtbar. Sie trägt zudem zum allgemeinen Wohlbefinden und zur Motivation des Pferdes entscheidend bei. Es geht dabei nicht nur um die Schulung des Pferdes, sondern insbesondere auch um die Entwicklung und Förderung der reiterlichen Qualitäten. Erst mit einem ausbalancierten, losgelassenen Sitz und mit dem Gefühl für den richtigen Augenblick, die richtige Dosierung und das richtige Einwirken der einzelnen Hilfen zueinander kann der Reiter Harmonie zwischen sich und dem Pferd erreichen. Unabhängig von der Reitweise ist es unser Ziel, das Pferd durch richtige Gymnastizierung zu befähigen, einen Reiter dauerhaft zu tragen, ohne gesundheitliche Schäden davonzutragen. Wir möchten durch psychische sowie körperliche Losgelassenheit erreichen, dass unser Pferd motiviert und willig mitarbeitet, durchlässig wird und durch kaum sichtbare Hilfen Harmonie zwischen Pferd und Reiter entsteht. Das Gelände hält dabei noch ganz andere Herausforderungen bereit als das sichere Areal von Reitplatz oder Reithalle. Eine gute Ausbildung legt den Grundstein dafür, dass das Pferd auch im Gelände gelassen reagiert – und erst dann ist es sinnvoll, an den gemeinsamen Ausritt mit Pferd und Hund zu denken.

Ein wichtiges Hilfsmittel zum Erreichen dieses Ziels ist die Bodenarbeit. Diese Basisausbildung, zu der die Arbeit im Roundpen und richtiges Führtraining ebenso gehören wie die Desensibilisierung auf

Schreckhindernisse durch gezieltes Gelassenheitstraining oder das Absolvieren eines Trails vom Boden aus, kann viel dazu beitragen, Vertrauen, Respekt und Aufmerksamkeit zwischen Mensch und Pferd aufzubauen. An die späteren Berührungen mit der Hundeleine wird das Pferd durch vorsichtiges Abstreichen mit der Leine und späterem freien Pendeln vom Sattel aus gewöhnt. Wir können unserem Pferd eine starke und sichere Führung durch eine klare Linie und Fairness (geduldig, konsequent und liebevoll) bieten. So bekommen wir einen freiwillig mitarbeitenden Partner, der uns als seinen Lehrer, als Leittier annimmt.

Zugute kommt uns das Neugier- und Zuneigungsverhalten des Pferdes – dies können wir nutzen, um die Tiere mit neuen Dingen bekannt zu machen. Doch nur, wenn wir dabei selbst souverän auftreten, beginnt unser Pferd, zu uns das nötige Vertrauen aufzubauen und uns als Lehrer und verlässlichen Sozialpartner anzunehmen. Gutes Gelassenheitstraining festigt so die Beziehung und regt das Pferd zu freiwilliger Mitarbeit an. Ich fördere durch dieses sinnvolle Training die psychische Losgelassenheit – so entwickelt sich mein Pferd zum Verlasspferd.

Trainingstipp

Gelassenheitstraining mit Pferd und Hund

Ein Pferd, das gelassen auf fremde Dinge reagiert, gibt auch dem Hund mehr Sicherheit. Ich habe sogar meinen Hund beim Pferdetraining als Kotrainer dabei. Am Anfang erschrecken die Pferde, wenn er von hinten angeschossen kommt oder aus einem Busch herausspringt. Mit der Zeit werden die Pferde total gelassen und trauen sich irgendwann sogar, über eine unbekannte Brücke zu gehen, wenn ich meinen Hund vorschicke.

Er gibt dem Pferd dann die Sicherheit am Boden.

Andererseits wird ein Hund Angst bekommen, wenn das Pferd beim gemeinsamen Ausritt aus Unrittigkeit zum Beispiel über die Schulter ausbricht und losstürmt, und sich in Zukunft nicht mehr so nahe ans Pferd trauen. Durch richtiges Reiten können wir also unserem Pferd, unserem Hund und auch uns selbst sowie allen anderen Verkehrsteilnehmern Sicherheit und Vertrauen geben.

Was Hunde können sollten

Die Entwicklung des Verhaltens jedes Hundes wird überwiegend von seiner Sozialisationsphase durch Umweltreize während der ersten Lebensmonate und von der Prägung durch Vorgänge und Situationen beeinflusst. Auch durch die Erziehung wird sein Verhalten bestimmt. Unzureichend sozialisierte Hunde haben Schwierigkeiten, sich in ihrer Umwelt zurechtzufinden. Sie neigen zu ängstlichem oder aggressivem Verhalten und anderen Verhaltensauffälligkeiten. Ein sorgfältig sozialisierter Hund hingegen, der frühzeitig an andere Hunde, andere Tiere, verschiedene Menschen und diverse Umweltreize gewöhnt wurde, hat gelernt, friedfertig und aufgeschlossen mit den Lebewesen in seinem Umfeld umzugehen.

Wie beim Pferd geht es auch beim Hund vor allem um die Förderung der Selbstsicherheit und die Vermittlung von Gelassenheit und Vertrauen. Grundsätzlich kann man mit Hunden von Anfang an viel in der Natur und auch im Umfeld des Straßenverkehrs trainieren. Doch bevor man den Hund überfordert, ist es sinnvoller, ihn zunächst im gewohntem Areal mit verschiedenen neuen Situationen Schritt für Schritt zu konfrontieren. Erste Übungen können sein:

- Überqueren einer kleinen Brücke (anfangs reicht ein Brett am Boden)
- Überwinden von Stangen, Holzbalken, kleinen Sprüngen
  Kennenlernen von Tüten bis hin zum
- Überqueren von Planen

Selbstsicherheit des Hundes stärken

Anfangs ist Schäferhündin Lea beim Überqueren der Brücke sehr unsicher – so schnell wie möglich möchte sie die Übung hinter sich bringen.

So geht es besser: Mit Aufmerksamkeit und freundlicher Stimme gibt der Besitzer dem Hund Sicherheit, lässt ihn die Brücke Schritt für Schritt bewältigen und zwischendurch sitzen – natürlich bei großem Lob!

Dann klappt die Übung sogar ohne Leine: Mit positiver Bestärkung …

… wagt sich Lea auf die Brücke, konzentriert sich auf ihren Menschen …

… bewältigt die Übung Schritt für Schritt …

… und freut sich anschließend über ausgiebiges Lob.

(Fotos: Wittich)

Übungen mit dem Hund

Es ist sinnvoll, dass der Hund nicht nur auf Stimmzeichen, sondern auch auf Sichtzeichen zuverlässig reagiert – hier ist die Handfläche nach unten das Zeichen für das Ablegen.

„Bleib" – ein wichtiges Kommando, das man später vom Pferd aus immer wieder benötigt.

Gehorsam befolgt der Hund das Sichtzeichen für „Sitz" und wartet …

… bevor er auf die geöffneten Arme und das freudige „Komm" reagiert und über den kleinen Sprung springt.

(Fotos: Wittich)

Um die Leinenführigkeit kommen wir in unserer heutigen dicht besiedelten Landschaft nicht herum – zumal die Leinenpflicht am Pferd auch gesetzlich in den jeweiligen kommunalen Verordnungen vorgeschrieben wird. Es ist ratsam, schon den Junghund oft an der Leine zu führen. So lernt er die Kommunikation mit dem Menschen (Grundkommandos) leichter. Zugleich lernt er, dass der Versuch des Weglaufens oder Suchens nach Beuteersatz ein nicht erwünschtes Fehlverhalten ist.

Natürlich muss die Leinenführigkeit zunächst vom Boden aus sicher vorhanden sein, bevor man sie vom Pferd aus erarbeiten kann.

Auch an den Straßenverkehr muss der Hund gewöhnt sein, bevor es losgeht mit dem ersten gemeinsamen Ausritt. Jeder Hund sollte lernen, vor der Überquerung von Straßen stehen zu bleiben oder sich hinzusetzen. In Ortschaften oder an stark befahrenen Straßen sollten wir zur Sicherheit unseres Hundes und der anderen Verkehrsteilnehmer den Hund anleinen – unter Umständen ist dies ohnehin durch Kommunalrecht vorgeschrieben (zu den rechtlichen Vorschriften siehe ab Seite 65).

Dolmetscher gefragt:
Der Mensch als Vermittler

Der Mensch als Vermittler zwischen Pferd und Hund trägt Sorge für die Sicherheit aller drei Beteiligten in dieser besonderen Dreiecksbeziehung. Ihn zeichnet das Wissen aus über die unterschiedlichen Instinkte, Bedürfnisse und Kommunika-tionswege; er ist in der Lage, vorausschauend, fair, geduldig und ruhig zu handeln. Diesen

Menschen achten die Tiere und schenken ihm Aufmerksamkeit, denn sie fühlen sich beschützt und geborgen.

Eine gute Leitfigur für seine Tiere zu sein, bedeutet für den Menschen:

Rechte und Pflichten wahrzunehmen
vorausschauend zu denken und zu handeln, achtsam und wertschätzend zu sein
soziale Kompetenz zu zeigen
kooperationsbereit zu sein
sich Wissen anzueignen und dieses ständig zu erweitern
über Einfühlungsvermögen zu verfügen und Orientierung zu geben
das richtige Timing in Situationen zu lernen

Dass Pferd und Hund sich wohlfühlen – dafür ist der Mensch verantwortlich.
(Foto: Strässle)

Wichtig ist, dass Sie sich Ziele setzen, die Sie Schritt für Schritt erreichen wollen. Wenn Sie ein Ziel erreicht haben, sehen Sie es nicht als selbstverständlich an, dass es jedes Mal ebenso reibungslos und gut klappt. Ein Beispiel: Ihr Hund kann endlich am Reitplatz in der Ecke im „Platz" liegen bleiben. Dann loben Sie dieses Verhalten beim Vorbereiten immer wieder mit freundlicher Stimme („Fein Platz"). So geben Sie ihm das Gefühl, dass Sie es wertschätzen, dass er nun etwas Neues vertrauensvoll kann – und dass er der weltbeste Hund ist!

Sie sehen: Die eigene positive Einstellung ist immens wichtig. Durch aufrichtiges Lob, echte Zuneigung und ehrliche Gefühle vermitteln Sie Ihren Tieren Wohlbefinden und Sicherheit und sorgen für Motivation.

Welche Trainingsmethode?

Von kontrollierter Unterordnung bis zum ständigen Leckerlifüttern. Vom lauten Stimmkommando bis zu ständigen kind-

Ausgiebiges Lob für Hund …

… und Pferd: So macht die Zusammenarbeit Spaß!

(Fotos: Reidinger)

lichen Hörzeichen. Was das eine zu viel ist, ist das andere zu wenig? Ist das eine oder andere übertrieben? Kann ich bei der Ausbildung einen goldenen Mittelweg wählen?

Ob Pferd oder Hund: Unsere Tiere sind Individuen. Die einen sind überängstlich, die anderen eher ruhig und kooperativ. Es gehört sehr viel Einfühlungsvermögen dazu, sich auf solch unterschiedliche Persönlichkeiten einzustellen und die Tiere zu einer harmonischen Zusammenarbeit zu motivieren.

Durch das richtige Timing und die richtige Mischung aus Lob und dem Setzen von Grenzen wird sowohl dem Hund als auch dem Pferd von Anfang an, wie in einem organisierten Zusammenleben unter Artgenossen, die Lösung von Interessenkonflikten vermittelt, ohne dass das gute Verhältnis mit uns Menschen als Sozialpartner beeinträchtigt wird.

Lob ist ein zentrales Element in der Ausbildung von Pferden und Hunden. Kann der Hund oder das Pferd eine positive Bestärkung in Form eines stimmlichen Lobs („Fein"), eines Streichelns, eines geliebten Spielzeugs oder eines Leckerlis mit seinem Verhalten verknüpfen, wird das Verhalten künftig vermehrt gezeigt, da das Tier die positive Bestärkung erneut haben möchte. Pferd und Hund lernen durch Versuch und Irrtum, Erfolg und Misserfolg. Es ist immer besser, vorausschauend ein unerwünschtes Verhalten gar nicht erst zustande kommen zu lassen, sondern durch ausgiebiges Lob positives Verhalten zu verstärken.

Es gibt allerdings auch Situationen, in denen wir mit Lob als erzieherischem Mittel nichts erreichen, sondern deutlich Grenzen setzen müssen, um Gefahren abzuwenden. Tritt beim Hund ein extrem unerwünschtes Verhalten ein, weil er entweder das Ab-

bruchsignal des Besitzers ignoriert hat oder die unerwünschte Handlung bereits begonnen hat (Beispiel: Der Hund beißt nach dem Pferd), muss der Mensch sofort im Affekt handeln, bevor das Pferd es tut. Die unerwünschte Handlung muss innerhalb von Sekundenbruchteilen gestoppt werden (zum Beispiel auch durch Schnauzengriff und ein unfreundliches „Nein" oder „Aus"), sodass der Zusammenhang verstanden wird. Strafe hat dabei nichts mit Gewalt und Schreien zu tun, und auch nachtragend darf man nicht sein!

Das heißt: Wir müssen unsere Tiere nicht mit Gewalt dominieren und mit Druck unsere ranghöchste Position als „Alphatier" täglich erzwingen. Das Leittier glänzt durch innere Ruhe und Erfahrung und nicht durch körperliche Kraft. Es bietet den Herdenmitgliedern Sicherheit und hat es nicht nötig, Druck und Zwang einzusetzen. Gewalt und Angst einflößende negative Emotionen (übertriebene körperliche Hilfen, Anschreien) sind Instrumente der Machtausübung und Zeichen eigener Unsicherheit, Hilflosigkeit und Schwäche. Sie bewirken erzwungene Unterwürfigkeit und Unsicherheit, Angst, Stress und kein Vertrauen.

Ich gehe hier nicht intensiver auf die Form der Strafe ein, da individuell je nach Verhalten (Unsicherheit, Aggressionsverhalten und so weiter), Charakter und Situation zu entscheiden ist, wann ein Abbruchsignal reicht und wann und wie ich auch einmal Strafe einsetze. Hierzu sollte dann direkt bei einem kompetenten Hundeausbilder um Rat gefragt werden. Falsche Strafen bei Hunden sind zum Beispiel übertriebener Zorn, Schlagen mit der Hand oder mit einem Gegenstand, Nackenfellschütteln oder Leinenruck. Oft werden dadurch lediglich die

Unsicherheit des Hundes und das Aggressionsverhalten gefördert – die von uns gewünschte vertrauensvolle Bindung in der Mensch-Hund-Beziehung kann so nicht entstehen. Eine der gewalttätigsten Erziehungsmethoden bei einem Hund besteht darin, ihn nach einem Fehlverhalten auf längere Zeit zu ignorieren oder wegzusperren. Dies würde es unter frei lebenden sozialisierten Hunden nie geben – ein Hund, der so „erzogen" wird, entwickelt deshalb mit großer Wahrscheinlichkeit Verhaltensstörungen. Dahingegen kann ein kurzes Ignorieren (kein Blickkontakt, kein Ansprechen, keine Berührung) in geeigneten Situationen als Strafe sehr erfolgreich sein.

Ob Lob oder Grenzen setzen: In beiden Fällen ist das richtige Timing entscheidend für den Lernerfolg. Ein großes Lob besteht darin, im richtigen Moment eine Übung positiv zu beenden oder eine Pause einzulegen. So wird sich das gewünschte Verhalten steigern, während die unerwünschten Handlungen zurückgehen.

Andererseits müssen die Vierbeiner in den erforderlichen Situationen sofort mit der negativen Bestärkung, zum Beispiel mit einem stimmlichen Abbruchsignal, gestoppt werden. Dies ist etwa der Fall, wenn der Hund das Pferd anknurrt, also noch bevor das eigentliche Fehlverhalten beginnt, der Hund also möglicherweise das Pferd beißt. Gleiches gilt für das Pferd, das dem Hund droht, bevor es mit den Hufen austritt.

Wenn Sie Ihr Pferd korrigieren müssen, achten Sie darauf, dass Ihr Hund sich nicht angesprochen fühlt – oder andersherum. Hilfreich ist die zusätzliche Nennung des Namens. Reden Sie mit dem „Unbeteiligten" währenddessen freundlich, sodass er weiß, dass er nichts damit zu tun hat oder sich sogar dafür verantwortlich fühlt. Gerade bei Hunden kann dies sonst zu Schwierigkeiten führen, denn ein unsicherer Hund würde sich von uns distanzieren, während eine starke Hundepersönlichkeit versuchen würde, uns zu beschützen, dabei eventuell zwischen Mensch und Pferd gehen (Aufsplitten, siehe Seite 37) und das Pferd angreifen würde.

Hund und Pferd können unterscheiden, wann wer mit Stimme gelobt wird, sie müssen nicht unbedingt beide ein Leckerli bekommen.

Für uns als Mensch besteht die Herausforderung in dieser Dreiecksbeziehung darin, dass wir die Aufmerksamkeit beiden schenken, fair sind und achtsam mit unseren Emotionen umgehen. Sie werden bemerken: Je mehr Sie die erwünschte Verhaltensweise von beiden Tieren nicht als selbstverständlich sehen, sondern wertschätzen und im richtigen Moment loben, umso mehr wollen die Tiere Ihnen gefallen und es gut für Sie machen. Grenzen müssen dann immer weniger gesetzt werden. Und Strafe – was war das eigentlich?

Die Größe und den moralischen Fortschritt einer Nation kann man daran messen, wie sie die Tiere behandelt.

(Mahatma Gandhi)

Die ersten Schritte für das Dreierteam

Die Grundlagen sind geschaffen, jetzt kann es losgehen: Das gut ausgebildete Pferd und der sorgfältig erzogene Hund machen die ersten gemeinsamen Schritte. Als Mensch haben wir uns Gedanken gemacht über die unterschiedlichen Instinkte, Bedürfnisse und Vorlieben beider Lebewesen und können nun zielgerichtet, ohne Stress und mit viel Spaß die Arbeit im Dreierteam beginnen.

Ausrüstung

Die Ausrüstung des Pferdes hängt von der Reitweise und dem Ausbildungsstand ab. In jedem Fall muss sie in gutem Zustand sein und dem Pferd sorgfältig angepasst werden, sodass es zu keinerlei Druckstellen und Schmerzen kommen kann und die Sicherheit gewährleistet ist.

Bei der Trainingsausrüstung für den Hund gibt es viele verschiedene Möglichkeiten. Einige davon sind nicht zu empfehlen oder aus Tierschutzgründen sogar verboten, so zum Beispiel Stromhalsband, Stachelhalsband, Kettenhalsband auf Zug, Zughalsband oder Retrieverleine ohne Stopp oder Erziehungsgeschirr mit Zugeinwirkung unter den Achseln. Auch von einer Flexileine ist abzuraten, da sie beim Loslassen in Notsituationen zu einem gefährlichen Wurfgeschoss werden und sich außerdem unkontrolliert um ein Pferdebein wickeln kann. Leinen mit Schlaufen könnten im Steigbügel hängen bleiben und sind deshalb nicht zu empfehlen. Bei einer zu langen Leine besteht die Gefahr, dass sie sich um ein Pferdebein wickelt oder das Pferd auf die Leine tritt.

Für das Training am Boden und vor allem vom Pferd aus empfehle ich, den Hund mit einem Brustgeschirr auszustatten, da ich damit am wenigsten auf die Halswirbelsäule einwirke. Gerade durch den Zug von oben mit der Leine kann es bei einem normalen Halsband zu Schädigungen durch Quetschung des Kehlkopfes oder zu Beeinträchtigungen der Halswirbelsäule beziehungsweise des Rückens kommen.

Die ideale Ausrüstung für den Reitbegleithund:

- breites Halsband (bei sehr guter Leinenführigkeit geeignet)
- alternativ Brustgeschirr mit zweitem Ring am Halsteil (zum besseren An- und Ableinen)
- circa zwei Meter lange Leine (je nach Größe des Hundes und Pferdes), die mit Schlaufe und Stopper ausgestattet ist (sodass der Hund leicht vom Pferd aus an- und abgeleint werden kann)

Gut geeignet für den Reitbegleithund ist ein Brustgeschirr, da die Gefahr von Schädigungen der Halswirbelsäule und des Kehlkopfes geringer ist als bei einem Halsband.
(Foto: Strässle)

Bei Verwendung einer der im Handel verbreiteten Retrieverleinen ohne Stopper empfehle ich, einen verstellbaren Stopper selbst einzubauen. Außerdem darf die Leine nicht zu dünn sein, sodass sie den Hund nicht schnürt. Die Schlaufe sollte so breit wie ein Halsband sein. Dann ist diese Leine bei guter Leinenführigkeit ebenfalls geeignet.

Grundsätzlich darf die Leine nicht um das Handgelenk gewickelt werden, über das Horn eines Westernsattels gehängt oder in sonstiger Form am Sattel befestigt werden. Sie sollte, wenn es nötig ist, jederzeit losgelassen werden können.

Eine gute Vorübung ist das Mitnehmen des Hundes am Fahrrad – auf der rechten Seite, denn dort wird der Reitbegleiter im Straßenverkehr und bei entgegenkommenden Verkehrsteilnehmern später laufen. (Fotos: Wittich)

Wichtige Grundkommandos für die Arbeit am Pferd

Für einen zuverlässigen Reitbegleithund ist es unumgänglich, dass der Hund einige wichtige Grundkommandos kennt und zuverlässig befolgt. Die Darstellung einer Methode für die Ausbildung Ihres Hundes würde den Rahmen dieses Buches sprengen. Deshalb hier nur eine Liste der wichtigsten Kommandos, die Sie auf jeden Fall für Ihren Reitbegleithund brauchen:

Reaktion auf den Namen
Lob für das Herankommen (zum Beispiel „Fein")
Abbruchsignal („Hey", „Aus", „Pfui" oder „Nein")
„Nimm's" für die Ersatzbeute
„Sitz" und „Platz"
„Bei Fuß" oder „Beim Pferd" (von beiden Seiten, der Reitbegleithund geht im Verkehr rechts auf der dem Verkehr abgewandten Seite); gute Vorbereitung ist die Mitnahme am Fahrrad)

Ob man unterschiedliche Kommandos für „Bei Fuß" am Boden und am Pferd verwendet, ist Geschmackssache. Hunde lernen die verschiedenen Kommandos schnell. Ich persönlich benutze allerdings am Boden wie auf dem Pferd die gleichen Hörzeichen, und auch hierbei gibt es keine Probleme.

„Bleib"
„Halt" oder „Steh"
„Seite" (als Kommando für die Seite, auf der ich den Hund zu gehen bitte, wenn ich ihn von der Straße an den Straßenrand schicke; praktisch, wenn der Hund beim Ausritt vorausgeht, ich ihn zum Beispiel wegen eines Autos in Sicherheit bringen möchte und ein Herankommen zu mir zu spät ist)
„Lauf" oder „Voraus" als Freigabekommando
„Ab" als Abbruchsignal, damit der Hund nicht zu nahe ans Pferd kommt und die Individualdistanz zum Pferd einhält

Vom Hörzeichen zum Sichtzeichen

Wenn der Hund gelernt hat, die Hörzeichen in Verbindung mit Sichtzeichen zu verstehen, und Sie ihm Ihre Freude darüber vermittelt haben, können Sie beginnen, die Hörzeichen zu minimieren und später die Kommandos überwiegend mit Sichtzeichen zu geben. Die Stimme ist dann überwiegend dazu da, Lob zu kommunizieren. Sie werden sehen, dass Ihr Hund die Aufmerksamkeit zu Ihnen immer mehr sucht und immer freudiger mitarbeitet. Dabei sollte er aber nicht, wie etwa beim Hundesport Obedience, nur noch zu ihnen hochschauen (durch Ihre hohe Position auf dem Pferd würde er so möglicherweise Halswirbel- beziehungsweise Bandscheibenprobleme bekommen), sondern sich vorwiegend an Ihrem Körper (Bein) mit nach vorn gerichtetem Blick und später auch direkt am Pferd orientieren.

Wie wird gelobt?

Das richtige Lob ist wichtig, um die Motivation zu erhalten, gleichzeitig aber keinen Neid zwischen Pferd und Hund aufkommen zu lassen. Je nach Charakter des Hundes und Ausbildungsstand können zum Loben die freundliche Stimme, das Streicheln, Leckerli oder Spielzeug eingesetzt werden. Bedenken Sie dabei, dass es später, wenn Sie auf dem Pferd sitzen, schwer möglich ist, den Hund zu streicheln. So empfehle ich, am Anfang der Ausbildung und bei neuen Lernschritten zusätzlich zum Stimmlob und dem Strei-

cheln auch mit Leckerli zu üben. Später überwiegt dann Ihre freundliche Stimme als Lob. Wichtig ist dabei, dass Sie auf dem Weg dorthin das Leckerli mit Ihrem stimmlichen Lob (zum Beispiel „Fein") verbinden. Sie sollten Ihrem Hund beibringen, das Leckerli sanft aus der Hand zu nehmen, während Sie Betteln und aufdringliches Verhalten konsequent ignorieren oder abbrechen. Die Leckerlis sollten nicht zu lange als Lockmittel benutzt werden und außerdem wirklich attraktiv und abwechslungsreich sein. Kleine und eher weiche Leckerli stellen sicher, dass der Hund nicht zu lange beißen und kauen muss und deshalb dann abgelenkt ist.

Falls Sie Leckerli verwenden, sollten Sie diese nicht in eine Tüte stecken, da der Hund sich sonst angewöhnt, nur noch auf das Rascheln zu reagieren – auch von anderen Tüten, die im Alltag vorkommen. Am Anfang der Ausbildung zum Reitbegleithund ist eine Leckerlitasche am Pferd gut geeignet: eine Tasche, die am Sattel befestigt werden kann. Allerdings sollte der Hund nicht abhängig von der Leckerlitasche werden, sondern die Bindung zum Menschen auch ohne Leckerli haben.

Leckerli sollten keinesfalls als Futterersatz ohne Maß und Ziel gegeben werden, sondern der Hund sollte sie sich „verdienen". Umso interessanter sind sie dann auch, und die Lernbereitschaft steigt. Sie sollten die Leckerli nicht auf den Boden fallen lassen, um zu vermeiden, dass der Hund vermehrt den Boden absucht und die Aufmerksamkeit zu Ihnen als Reiter verliert. Geben Sie das Leckerli entweder aus der Hand oder bringen Sie dem Hund bei, es zu fangen.

Wenn Ihr Hund viel Körperkontakt als Lob gewohnt ist und sogar fordert, wird er es am Pferd später schwer haben und am Anfang Unsicherheit, eventuell Trennungsangst zeigen, sich distanzieren oder am Pferd hochspringen. So sollte der Hund bereits bei der Kommunikation ohne Pferd lernen, auch die Individualdistanz zum Menschen (durch das Abbruchsignal „Ab") einzuhalten. Ihr Hund muss und darf also nicht ständig an Ihrem Rockzipfel hängen. Ein wenig mehr Abstand lässt ihn zu einem Hund mit Selbstvertrauen und eigener Persönlichkeit werden – das ist für das Training am Pferd unabdingbar. Vermitteln Sie ihm Freude und Sicherheit, machen Sie ihm deutlich, dass er dazugehört, seine Aufgabe am Pferd hat und Sie nicht zu weit weg sind. Sie können ihm natürlich für neue Übungen und zwischendrin ein Leckerli geben. Doch die freundliche Stimme und ihre eigene Freude sollten bei den Übungen überwiegen und dem Hund später als Lob reichen, wenn Sie auf dem Pferd sitzen. Geben Sie Ihrem Hund das Gefühl, der weltbeste Hund zu sein, wenn er ein gewünschtes Verhalten zeigt. Wichtig sind kurze Trainingseinheiten, die unterbrochen werden, indem Sie zum Beispiel je nach Charakter und Quirligkeit des Hundes absteigen und ihn ruhig streicheln oder mit ihm spielen. Weniger ist mehr!

Bei der Arbeit zusammen mit dem Pferd benutze ich allerdings kein Spielzeug für den Hund, denn dies könnte sonst dazu führen, dass der Hund nur wegen des Spielzeugs am Pferd mitläuft und zu aufgekratzt und zu sehr in Spiellaune für das Pferd ist.

Bei Pferden füttere ich persönlich keine Leckerli während des Trainings. In der Natur erhält das Pferd durch Sozialkontakt seine Zuneigung von den Artgenossen – kein Futter. Damit sich das gezeigte Verhalten für das Pferd lohnt, reichen oft schon eine Pause, ein freundliches Stimmlob und ein Streicheln.

Pferd und Hund aneinander gewöhnen

Für die Gewöhnung von Pferd und Hund aneinander ist die Bodenarbeit am besten geeignet – und sie beginnt eigentlich schon am Putzplatz. Dabei muss dass Pferd noch nicht eingeritten sein; es sollte allerdings schon durch gute Bodenarbeit vorbereitet sein und ein Gelassenheitstraining absolviert haben. Der Hund tut sich leichter,

> **Man kann in Tiere nichts hineinprügeln, aber man kann erstaunlich viel aus ihnen herausstreicheln.**
>
> *(Astrid Lindgren)*

wenn er auf seinen Namen hört und die Grundkommandos kennt.

Es geht im ersten Schritt darum, Pferd und Hund zueinanderzuführen, sodass sie lernen, sich gegenseitig zu respektieren und zu vertrauen.

Die Gewöhnung der beiden Lebewesen aneinander ist bereits im Fohlen- beziehungsweise Welpenalter möglich und sinnvoll. Insbesondere dann, aber auch bei erwachsenen Tieren liegt es in unserer Verantwortung als Mensch, dass wir die beiden nicht sich selbst und ihrem Schicksal überlassen. Denn aus einer Skepsis vor Neuem, Unbekanntem und aus einer unsicheren Situation heraus kann sich bei unerfahrenen Pferden und Hunden eine negative Emotion entwickeln, vor allem Angst. Dies wird dann dazu führen, dass sich die Bereitschaft zu Flucht oder Angriff erhöht. Wir sind der Vermittler zwischen dem „Beutetier" Pferd und dem „Jäger" Hund. Wir möchten erreichen, dass zwischen den Vierbeinern eine positive Emotion (Freude) und dadurch eine positive Motivation entstehen und beide daraufhin ein freundliches Verhalten zueinander entwickeln. Nur dann, wenn wir Menschen solche negative Stimmungen erst gar nicht zustande kommen lassen, ist eine harmonische Zusammenarbeit in dieser besonderen Dreiecksbeziehung möglich.

Man sollte sich davor hüten, seinem Tier immer erst dann seine Aufmerksamkeit zu schenken, wenn es ein Fehlverhalten beginnt. Ein Beispiel: Ich lege meinen Hund bei meinem Pferd an seinem Platz ab und beginne damit, mein Pferd zu putzen. Mein Hund ist nicht geduldig genug, um brav abgelegt an seinem Platz liegen zu bleiben, er steht immer wieder auf und kommt zu mir beziehungsweise zum Pferd. Wenn ich

dann mit meinem Hund wegen seines Fehlverhaltens schimpfe, lernt er: „Distanziere ich mich von meinem Platz, bekomme ich die Aufmerksamkeit meines Menschen – auch wenn sie negativ ist. Immerhin stehe ich endlich wieder im Mittelpunkt." So wird er sich immer wieder vom gewünschten Platz wegbewegen, denn wenn er brav liegen bleibt, wird er nicht beachtet. Für den Hund ist auch eine negative Aufmerksamkeit eine Aufmerksamkeit.

Darum ist es sehr wichtig, dass wir das Ablegen und das Bleiben nicht als selbstverständlich sehen, sondern den Hund dafür loben. Dann wird er gern auf seinem Platz liegen, denn er fühlt sich dort nicht vergessen. Anfangs kann es sinnvoll sein,

Trainingstipp

(Foto: Wittich)

Decke für den Putzplatz

Es hilft dem Hund sehr, wenn er am Putzplatz und später auch auf dem Reitplatz zunächst auf einer vertrauten Decke liegen darf. Erst wenn er sich dort ablegen lässt und das „Bleib" sicher akzeptiert, kann ich ihn auch ohne Decke ablegen.

den Hund an seinem Platz anzuleinen. Gerade dann aber ist es wichtig, ihn immer wieder für das brave Liegen zu loben.

Welpen und Pferde

Wer einen Welpen hat, sollte ihn für die ersten Kontakte mit dem Pferd zunächst auf den Arm nehmen. Das heißt nicht, dass beide sich beschnuppern sollen – der Hundekopf ist im Vergleich zum Pferdekopf ja doch sehr klein. Es reicht, sich einfach neben das Pferd zu stellen und den Welpen (und auch das Pferd) zu loben (ohne Leckerli, um Futterneid zu vermeiden). So wird die gegenseitige Vertrautheit gestärkt.

Einschreiten sollte man von Anfang an, wenn der Hund beim Pferd das „Maulwinkellecken" zeigen möchte. In der Sprache der Pferde ist dies kein Begrüßungsritual, viele Pferde mögen dies nicht und werden unter Umständen versuchen, sich zu wehren, weil ihre Individualdistanz unterschritten wird. Außerdem wird der Hund sonst später vom Boden aus beginnen, das Pferd anzuspringen und wie ein Gummiball vor ihm herhüpfen.

Lässt man den Welpen auf den Boden, ist es anfangs besser, ihn an der Leine zu halten, um seine Bewegungsrichtung kontrollieren zu können. Außerdem ist es wichtig, dass er gleich von Beginn an das Abbruchsignal („Nein" oder „Ab") und das stimmliche Lob („Fein") kennenlernt. Sonst läuft der Hund ganz unbefangen unter dem Bauch des Pferdes hindurch und kann gegebenenfalls schnell schlechte Erfahrungen machen. Auch wenn dies Ihrem eigenen Pferd nichts ausmachen sollte: Der Hund kann zunächst nicht zwischen verschiedenen Pferden unterscheiden, wird zu jedem Pferd unkontrolliert hinlaufen und sich bei zu wenig Respekt schlimmstenfalls Verletzungen zuziehen.

So soll es sein: Vorbildlich führt dieser Junge seine beiden Tiere.
(Foto: Wittich)

Fohlen und Hunde

Auch bei Pferden ist es für das weitere Zusammenleben mit Hunden von Vorteil, wenn sie schon in früher Kindheit erste Kontakte zu Hunden haben. Ganz entscheidend kommt es dann darauf an, dass das Fohlen keinerlei schlechte Erfahrungen macht. So darf der Hund die Pferde auf der Koppel nicht hetzen oder unkontrolliert seinem Jagd- oder Hütetrieb nachgehen. Jeder Hund kann lernen, dass er vor der Koppel liegen bleiben muss, bis der Besitzer das Pferd herausführt.

Erstes Führtraining

Die richtige Führposition

Wenn bei beiden Tieren die Grundausbildung so weit abgeschlossen ist, dass sie sich zuverlässig führen lassen, kann ich mit dem gemeinsamen Führtraining beginnen. Ich sollte dabei zwischen den beiden Tieren auf Hals- beziehungsweise Schulterhöhe gehen.

Führtraining für unsichere Hunde

Schäferhündin Lea ist beim Führen am Pferd noch sehr unsicher.

Durch ein Abbruchsignal und das Wegschicken des Hundes wird die Individualdistanz wieder hergestellt und Lea lernt, ihre Position einzuhalten. Ihre Demutshaltung ist wieder ein Zeichen von Unsicherheit.

Einfacher wird es mit Helfer: So kann vor allem der Abstand zwischen Pferdekopf und Hund besser kontrolliert werden, sodass sich Hund und Pferd nicht in seiner Individualdistanz eingeengt fühlen.

Zugleich zeigt sie Aggressionsverhalten, indem sie das Pferd fixiert und ihm durch das Zeigen der Lefzen droht.

Sofort wird sie durch positive Bestärkung motiviert. Besser wäre es noch, den Pferdekopf in die andere Richtung zu halten, um keinen Neid entstehen zu lassen.

So sieht es schon viel besser aus!
(Fotos: Wittich)

Das Aufsplitten zeigen Hunde auch untereinander: Hier sorgt Nanuk für Ordnung zwischen den beiden Hunden, die gerade den Rang klären wollen. Das Kopfauflegen ist eine Dominanzgeste.
(Fotos: Wittich)

Wenn das Pferd zu weit hinten läuft, könnte es den Hund von hinten bedrängen, der Hund könnte Angst bekommen und sich eventuell wehren. Läuft das Pferd dagegen zu weit vorn oder versucht es, an mir vorbeizudrängen, könnte der Hund es von vorn anspringen. Auch wenn der Hund zu weit vorn oder hinten läuft, fühlt sich das Pferd möglicherweise bedrängt, könnte angreifen oder sich wehren. So wäre das Chaos vorprogrammiert.

Durch meine Position zwischen Pferd und Hund (siehe zum Aufsplitten unten) vermittle ich meinen Tieren, dass das Beschützen, das Lösen von Konflikten und das Sorgen für Sicherheit und Ruhe meine Aufgabe als Mensch ist. In Gefahrensituationen ist dies ein ganz wichtiger Punkt. Anfangs ist es empfehlenswert, einen Helfer mit einzubeziehen, der das Pferd führt, sodass ich mich ganz auf meinen Hund konzentrieren kann.

Das Aufsplitten

Durch meine Position auf Hals- beziehungsweise Schulterhöhe von Hund und Pferd bewirke ich das sogenannte Aufsplitten. So sorge ich für Vertrauen, Achtung und Respekt zwischen Pferd und Hund sowie für Sicherheit für die Tiere und auch für mich selbst.

Das Aufsplitten ist wichtig, um Konfliktsituationen zu vermeiden. Es ist beispielsweise manchmal gefordert, wenn zwei Hunde offensichtlich aggressiv aufeinander losgehen. Wer in dieser Situation nicht eingreift – zum Beispiel mit Wasser aus einer Sprühflasche oder einem Eimer –, handelt als Mensch und Hundebesitzer unverantwortlich. Dennoch sollte man sich davor hüten, bei jedem Abbruchsignal wie

dem Abwehrdrohen oder dem Imponieren sofort einzuschreiten. Denn dann sieht der Hund die Außenwelt irgendwann nur noch als Bedrohung an, er wird zunehmend unsicher und schließlich verhaltensgestört.

Auch Hunde untereinander zeigen das Aufsplitten bei unerwünschten Gruppenbildungen (rangkämpfende oder aggressiv spielende Hunde). Dabei geht ein Hund als souveräne Persönlichkeit dazwischen, um den Konflikt zu lösen und für Ruhe zu sorgen.

Speziell beim Umgang mit dem Pferd muss der Mensch dem Hund verständlich machen, dass nicht der Hund seinen Besitzer beschützen muss, sondern umgekehrt der Besitzer dafür sorgt, dass seinem Hund nichts passiert. So kann ich durch vorausschauendes Handeln zum Beispiel beim Spazierengehen meinen Hund auf die andere Seite nehmen, um ihn vor einem anderen Fußgänger, Pferd oder Artgenossen zu schützen. Oder ich kann meinen Hund ablegen und mich vor ihn stellen, wenn er versucht, mich zu beschützen. Das wird ihm anfangs sehr schwerfallen, doch ist dies eine wichtige Übung, damit es später nicht zu Missverständnissen bei der Aufgabenverteilung am Pferd kommt.

Dem Hund hilft das Aufsplitten schon jetzt, später mit Selbstverständlichkeit zwischen Reiter und Pferd sowie zwischen Reiter auf dem Pferd und anderen Verkehrsteilnehmern zu laufen.

Das Anhalten

Zum Anhalten gebe ich beiden Vierbeinern das gewohnte Signal. So sichere ich mir die Aufmerksamkeit des Hundes durch den Zuruf seines Namens und das Hörzeichen

„Halt". Wenn dies mit beiden Tieren einzeln klappt und die vorherige Gewöhnung aneinander gründlich durchgeführt wurde, gibt es hier keine Probleme. Ich übe das Führen vom Boden aus mit dem Hund sowohl mit als auch ohne Leine. Wenn mein Hund unaufmerksam vorläuft, kann ich mit dem Pferd an der Hand stehen bleiben oder sogar umdrehen, um den Hund wieder auf mich zu konzentrieren. Natürlich lasse ich meinen Hund auch mal frei laufen. Richtungswechsel fördern die Bindung zu mir und auch zum Pferd. Wichtig ist das Lob, wenn der Hund zurückkommt, ohne dass er das Pferd mit Maulwinkellecken begrüßt. Ich versuche nun, den Hund in erster Linie mit meiner freundlichen Stimme zu loben und nur in wenigen Situationen zwischendurch ein Leckerli zu geben. Die gleichzeitige Leckerligabe für das Pferd ist nicht empfehlenswert, da es leicht zu Futterneid kommt.

Viele Pferde sind zufriedener und aufmerksamer, wenn sie beim Training grundsätzlich keine Leckerli bekommen.

Trainingstipp

Beide Seiten üben

Das Führtraining von Pferd und Hund wird immer auf beiden Seiten geübt – beide Tiere lernen also, sowohl links als auch rechts vom Menschen zu gehen. Gerade Pferde sind oft zu einseitig trainiert und reagieren dadurch schreckhaft, wenn zum Beispiel der Hund mal auf der anderen Seite läuft. Zudem lernt der Hund später leichter, als Reitbegleithund auf der rechten, dem Verkehr abgewandten Seite am Pferd zu laufen.

Hinein in den Sattel

Jetzt geht's rauf aufs Pferd und voller Elan und positiver Einstellung ans Training mit Pferd und Hund. So groß die Lust auf die neue Zusammenarbeit auch sein mag: Aus meiner Erfahrung heraus kann ich Ihnen nur empfehlen, immer Schritt für Schritt vorzugehen und mit Unbekanntem erst anzufangen, wenn die dazu erforderlichen Grundlagen sicher vorhanden sind – dann wird sich Motivation und Spaß an der gemeinsamen Sache bei allen drei Teammitgliedern entwickeln, und niemand fühlt sich überfordert. Es kann auch einmal notwendig werden, einen Schritt zurückzugehen, wenn man sich zu früh an die nächsten Stufen herangewagt hat und es dann bei neuen Übungen zu Schwierigkeiten kommt.

Basisarbeit

Sie werden die Freude in Ihrem Hund spüren, wenn er merkt, dass er nun auch am Pferd wichtig ist, eine sinnvolle Beschäftigung erhält und Zuwendung bekommt. Das Voraus- oder Hinterherlaufen sowie die Ansätze zum Jagen verringern sich deutlich. Der Hund will zum Team „Pferd, Hund und Mensch" gehören, denn dort macht es Spaß – wenn Sie es schaffen, ihm Ihre persönliche Freude an diesem Zusammensein zu vermitteln. Der Mensch nimmt deshalb die Schlüsselrolle in dieser Dreiecksbeziehung ein.

Ein paar grundlegende Dinge sollten Sie beachten, wenn Sie mit dem Training vom Sattel aus beginnen:

🐾 Ideal ist es, wenn Pferd und Hund sich schon vorher bewegt und ausgetobt haben – so bricht angestaute Energie nicht im Training aus. Der Hund sollte vorher sein „Geschäft" gemacht haben und das Pferd sollte wie vor jeder Arbeitsphase gelöst werden. Dann sind beide Tiere ausgeglichen und können sich besser konzentrieren.

🐾 Reiten Sie anfangs nur im Schritt und beginnen Sie erst dann, die anderen Gangarten einzubauen, wenn beide Tiere sich genügend aneinander gewöhnt haben und die Grundlagen der Verständigung zwischen Ihnen dreien zuverlässig funktionieren.

🐾 Reiten Sie zuerst gerade kurze Strecken und üben Sie erst später Wendungen.

🐾 Arbeiten Sie zu Beginn der Gewöhnungsphase in einem vertrauten, umzäunten Areal, zum Beispiel auf dem Reitplatz oder in der Reithalle. Achten Sie immer darauf, einen großen

Sicherheitsabstand für den Hund zum Zaun, zur Reithallenbande oder zum Fahrbahnrand einzuhalten.

Sie verlangen Ihrem Team eine ganze Menge Neues ab – da würden die vielen Umweltreize, die im Gelände zusätzlich warten, oft dazu führen, dass die Tiere die Aufmerksamkeit zum Menschen verlieren. Außerdem: Wenn mal etwas auf Anhieb nicht ganz so gut klappt, ist die Unfallgefahr auf einem Übungsplatz viel geringer als im freien Gelände. Wenn es nach guter Vorbereitung das erste Mal ins Gelände geht, sollten Sie außerdem die Anforderungen deutlich herunterschrauben – die Situation ist für Pferd und Hund dann erst einmal wieder ganz neu.

Beim Training mit einem jungen Hund gilt: Damit Knochen und Gelenke im Wachstum keinen Schaden nehmen, aber auch mit Rücksicht auf die Konzentrationsfähigkeit eines jungen Hundes, sollten Sie erst ab dem Alter von sechs Monaten mit dem Training im Schritt und mit kurzen Übungseinheiten beginnen. Ist der Hund ein Jahr alt, kann die Kondition langsam aufgebaut und mit kurzen Ausritten ins Gelände begonnen werden.

Gezielte, sehr kurze Trainingseinheiten steigern die Aufmerksamkeit von Hund und Pferd und stärken die Bindung – so wird ein intensiver Teamgeist gefördert. Der Hund wird auf diese Weise motiviert, beim Pferd mitzuarbeiten, und sieht das Pferd weder als Gefahr noch als ein zu jagendes oder zu hütendes Tier. Auch das Pferd wird gelassener und motivierter, wenn es spürt, dass unsere Erwartungshaltung nicht so hoch ist.

Eine Übung, die die Gelassenheit des Pferdes und die Aufmerksamkeit des Hundes stärkt: Der Hund wird abgelegt (oben), das Pferd über die Plane geführt (mitte) und der Hund anschließend herangerufen (unten). (Fotos: Wittich)

Die ersten Übungen vom Sattel aus – in der Reitbahn – haben das Ziel, die beim Führen am Boden begonnene Teamarbeit zu festigen und von Anfang an den gemeinsamen Spaß an der Sache in den Vordergrund zu stellen. Dafür bieten sich Bodenarbeitshindernisse und Elemente des Gelassenheitstrainings an, die man miteinander bewältigt.

Beispiele hierfür sind:

- Brücke oder Plane: Der Hund wird vor der Brücke abgelegt, das Pferd wird über die Brücke geführt, später auch geritten, der Hund wird gerufen und darf herankommen. Oder: Der Hund wird vorausgeschickt und auf der anderen Seite der Brücke abgelegt, das Pferd wird über die Brücke geführt beziehungsweise geritten und man kommt zum Hund nach.

- Cavaletto oder Strohballen: Der Hund wird zum Beispiel vor einem Cavaletto oder Strohballen abgelegt und darf nach Zuruf zum Pferd kommen. Oder er springt neben dem geführten, später gerittenen Pferd und bleibt dabei „Fuß" beziehungsweise kommt wieder „Fuß".

An- und Ableinen

Das An- und Ableinen vom Sattel aus bedarf einiger Übung, anfangs ist die Hilfe durch eine zweite Person sinnvoll. Der Helfer achtet dann darauf, dass der Hund nicht in der Leine hängen bleibt, und kann eventuell das Pferd mit festhalten.

Für die richtige Methode kommt es vor allem darauf an, wie groß Hund und Pferd sind und wie leicht ich somit den Hund vom Sattel aus erreichen kann. Einem entsprechend großen Hund kann ich beibringen, mit den Vorderpfoten in den Steigbügel zu treten oder an meinem Bein hochzuspringen, sodass ich ihn an- oder ableinen kann. Dabei ist wichtig, dass das Pferd ruhig stehen bleibt. Eine solide Grundausbildung sollte dies sicherstellen.

Ich gebe meinem Hund hierfür das „Hopp" und mit dem Klopfen der flachen Hand auf meinen Schenkel das Kommando, dass er mit den Vorderpfoten an meinem Steigbügel oder Bein hochspringen darf. Dann gebe ich ihm dafür ein Leckerli und kann ihm mit dem Hörzeichen „Bleib" und weiterem Leckerli mitteilen, dass er diese Position beibehalten soll, bis ich ihn mit dem Hörzeichen „Ab" wieder entlasse.

Wichtig ist, dass der Hund das Pferd nicht mit seinen Krallen berührt, denn das ist dem Pferd unangenehm, sodass es beginnen kann, sich zu wehren. Außerdem muss ich dafür sorgen, dass der Pferdekopf nicht in Richtung Hund zeigt und das Pferd vielleicht sogar auf die Idee kommt, nach dem Hund zu schnappen. Mit dem äußeren Zügel kann ich das Pferd begrenzen. Dann wird sich der Hund trauen, in die Nähe zum Pferd zu kommen und mit den Vorderbeinen an meinem Bein hochzuspringen. Wenn wir es erlauben, dass ein Tier in den Individualbereich des anderen eindringt, müssen wir besonders gründlich dafür Sorge tragen, dass keinem der beiden dabei etwas passiert, dass keiner der beiden Schmerz erleidet. Das wäre ein großer Vertrauensbruch für uns als Vermittler, Leitbild und Besitzer.

Beim An- und Ableinen muss ich aufpassen, dass der Hund nicht in der Leine hängen bleibt. Am besten wird die Leine zum An- und Ableinen kürzer genommen

Über die Plane zur Stärkung der Teamarbeit: Mit Stimm- und Sichtzeichen wird der Hund vor der Plane abgelegt und darf dann nachkommen. Das Pferd zeigt auf dem Bild deutliches Unwohlsein, da es sich in seiner Individualdistanz beengt fühlt. Deshalb lieber das Pferd etwas weiter hinter der Plane anhalten und erst dann den Hund rufen. (Fotos: Wittich)

und rechtzeitig locker gelassen, wenn der Hund vom Bein herunterspringt. Bei einem kleinen Hund ist es hilfreich, ihn auf einem Strohballen oder in einer ähnlichen erhöhten Position sitzen oder stehen zu lassen, sodass ich ihn bequem erreiche.

Anleinen vom Sattel aus

Gelungenes Anleinen vom Sattel aus: Das Pferd springt mit den Vorderpfoten an das Bein des Reiters, ohne das Pferd zu berühren.

Die Leine bleibt am Bein des Hundes hängen – dadurch wird der Hund verunsichert, was sich hier durch die Beschwichtigungsgeste des Züngelns zeigt.

Auch auf diesem Bild ist die Verunsicherung des Hundes zu erkennen, da der Pferdekopf ihm zu nahe kommt.
(Fotos: Wittich)

Ein kleiner Hund kann lernen, sich mit den Pfoten auf dem Schuh des Reiters abzustützen.
(Foto: Gerstmeir)

An- und Ableinen vom Boden aus

Hier ist der Sicherheitsabstand zum Pferd zu gering und die Reiterin achtet nicht auf das Pferd. Die Beschwichtigungsgesten des Hundes (Züngeln, Abwenden des Blicks) zeigen, dass er am liebsten weglaufen würde. Besser wäre es auch, wenn die Reiterin Zügel und Hundeleine in je eine Hand nehmen würde.

So ist es schon besser: Der Pferdekopf ist weiter vom Hund entfernt, der Hund fühlt sich sicherer und ist aufmerksam.

Die Folge: Der Hund läuft weg, die Reiterin kann ihn nicht halten.

Gut gelöst: Die Reiterin befindet sich in einer besseren Position zum Pferd und kann besser agieren, da sie die Zügel nur in einer Hand hält. Der Hund fühlt sich hier sichtlich wohler.
(Fotos: Wittich)

Richtiges Aufsteigen: Leine und Zügel befinden sich in der linken Hand am Mähnenkamm, der Blick ist nach vorn gerichtet, um beide Tiere im Auge zu behalten. Insbesondere bei größeren Pferden ist eine Aufsteighilfe zur Rückenschonung empfehlenswert. (Foto: Reidinger)

Leinenführigkeit vom Sattel aus

Genau so, wie ich die Grundausbildung des Hundes ohne Pferd durchgeführt habe, gehe ich auch bei der Arbeit vom Sattel aus vor. Wenn der Hund frei läuft, ist dies erst einmal einfach, da ich als Reiter nicht auch noch eine Leine in der Hand halte. Zunächst nutze ich die Sicherheit eines umzäunten Areals. Hier kann ich, wie bereits vom Boden aus, mit dem Pferd stehen bleiben, die Richtung wechseln oder umdrehen, wenn mein Hund zu weit vorausläuft, um zu erreichen, dass er sich wieder mehr auf mich konzentriert. Mit der Stimme lobe ich ausgiebig, wenn er mich anschaut und mir und meinem Pferd wieder folgt.

Außerdem kann ich mit und später auch ohne Unterstützung durch einen Helfer üben, den Hund abzulegen (Sitz oder Platz mit Bleib), wegzureiten und wiederzukommen. Oder ich lege den Hund ab, reite weg und lasse den Hund zu meinem Pferd und mir kommen. Der Helfer bleibt anfangs beim Hund, reagiert aber nur, wenn der Hund aufstehen und dem Pferd nachlaufen möchte.

Bei der Haltung der Leine ist vor allem zu beachten, dass sie nicht um das Handgelenk gewickelt oder irgendwo am Sattel befestigt wird, sondern direkt in der Hand gehalten wird, damit man in einer Notsituation schnell loslassen kann. Die Sicherheit für alle Beteiligten hat höchste Priorität. Die Zügel werden entweder zusammen mit der Leine beidhändig oder von geübten Reitern in der einen Hand gehalten, die andere Hand hält die Leine. Wichtig ist, dass der Reiter darauf achtet, trotzdem weiter aufrecht zu sitzen und nicht zu einer Seite zu kippen.

Das Pferd muss bereits an die Berührungen durch die Leine gewöhnt worden sein (siehe die Basics ab Seite 17). Es wird dann auch gelassen bleiben, wenn die Leine gelegentlich gegen seine Seiten pendelt oder wenn sie sich in seinem Blickwinkel bewegt.

Um beim Aufsteigen für Ruhe und Sicherheit zu sorgen, lasse ich den Hund mit einem Sicherheitsabstand Sitz neben dem Pferd machen, nicht vor dem Pferd. Um Pferd und Hund im Auge behalten zu können, ist es besser, mit dem Blick in Richtung Pferdekopf den linken Fuß in den Steigbügel zu stellen und dann aufzusitzen. Der Kopf des Pferdes wird leicht nach außen gestellt, damit der Hund sich nicht bedrängt fühlt.

Eine wichtige Übung ist „Bei Fuß" am Pferd auf beiden Seiten – zunächst mit Leine, dann ohne Leine. Dazu benötige ich wieder einen Helfer: Er geht anfangs zwischen Hund und Pferd und hilft bei der Einhaltung der Individualdistanz. Wenn dies gut klappt, geht er außen und führt den Hund an einer zweiten, zehn Meter langen Leine. Nach und nach kann der Helfer seinen Abstand zum Hund vergrößern, sodass der Hund seine Aufmerksamkeit immer mehr auf den Reiter richtet. Der Helfer gibt dem Hund am Boden Sicherheit, weil der Reiter als die eigentliche Bezugsperson auf dem Pferderücken und damit für den Hund plötzlich so weit weg ist. Der Helfer sollte bei den Übungen nicht eingreifen. Eine Ausnahme sind sehr unsichere Hunde: Sie kann der Helfer anfangs mit freundlicher Stimme motivieren oder mit einem Streicheln loben, um ihnen mehr Sicherheit zu geben.

Grundsätzlich muss der Hund am Pferd nicht perfekt an einer bestimmten Position

Erste Übungen zur Leinenführigkeit vom Sattel aus

Anfangs läuft Jack-Russell-Terrier Bobby an der Leine des Helfers – hier leider, ohne den Menschen zu beachten. Die linke Seite wurde hier gewählt, weil der Hund das „Bei Fuß" so bereits kannte. Besser wäre es allerdings, ein Brustgeschirr zu benutzen.

Der Hund ist durch die neue Situation verunsichert und will weglaufen.

Ebenfalls ein häufig auftretendes Problem: Der Hund zieht an der Leine nach vorn.

Durch Zuruf des Namens mit freundlicher Stimme und sanftes Annehmen und Nachgeben der Leine wird der Hund wieder motiviert – Lob nicht vergessen!

So ist es viel besser: Richtig motiviert läuft Bobby bei Fuß, ohne zu ziehen und zu zerren.

Nun kann der Helfer die Leine an den Reiter übergeben. Der Reiter hält die Zügel einhändig in der rechten Hand.

Wieder kommt es zur Unsicherheit beim Hund: Er zeigt Beschwichtigungsgesten, indem er züngelt, den Kopf senkt, sich distanziert und an der Leine zieht.

Erneut helfen die freundliche Stimme, in sanftes Annehmen und Nachgeben mit der Leine und das Kommando „Bei Fuß", den Hund zu motivieren und seine Aufmerksamkeit auf den Reiter zu lenken.

Freude bei allen Beteiligten: Der Hund läuft an der korrekt langen Leine neben dem Pferd, der Helfer kann sich nach und nach distanzieren.
(Fotos: Wittich)

Motivieren zum Bei-Fuß-Laufen

Zu weit hinter dem Pferd ist ebenso unerwünscht und möglicherweise gefährlich …

… wie zu weites Vorauslaufen.

Hier läuft der Hund ideal neben dem Pferd und ist vor versehentlichen Huftritten geschützt.

Hilfreich ist es, den Hund zwischendurch immer mal wieder Sitz machen zu lassen, damit er die richtige Position verinnerlicht und zur Ruhe kommt.
(Fotos: Wittich)

bei Fuß laufen. Für die Sicherheit ist es ratsam, dass der Hund zwischen Vorhand und Hinterhand des Pferdes läuft, um die Verletzungsgefahr für den Hund zu minimieren.

Um dem Hund die richtige Position am Pferd zu vermitteln, lässt man ihn bei Fuß gehen und gibt ihm ein Leckerli, wenn er sich in Höhe der Pferdeschulter befindet. Zwischendurch „Sitz" in der richtigen Position sichert das Gelernte und sorgt für Ruhe.

Seitenwechsel an der Leine

Für einen Seitenwechsel des Hundes an der Leine brauchen Sie zwei sehr erfahrene Tiere und anfangs in jedem Fall einen Helfer. Achten Sie darauf, dass die Leine nicht auf den Boden hängt, sonst könnte das Pferd auf sie treten. Sie können für den Seitenwechsel ein anderes Hörzeichen für den Hund einführen, zum Beispiel „Rechts" sagen.

Ich bevorzuge den Wechsel hinten um das Pferd herum, da andernfalls die Gefahr besteht, dass sich der Hund vom Pferdekopf von oben unterdrückt fühlt und eventuell mit der Beschwichtigungsgeste des Maulleckens oder mit der Abbruchhandlung des Schnappens Richtung Pferdemaul reagiert. Für das Pferd ist der Seitenwechsel des Hundes vor seinem Körper ungünstig, da es den Hund wegen des toten Winkels unter den Nüstern nicht sieht und daraufhin gestresst schnappen oder mit tretenden Vorderbeinen reagieren könnte. Zwar hat das Pferd auch beim Wechsel hintenherum einen toten Winkel. Doch nach gezieltem Gelassenheitstraining für das

Seitenwechsel an der Leine

Ein ruhig stehendes Pferd ist Voraussetzung für den Seitenwechsel.

Immer darauf achten, dass die Leine nicht den Boden berührt.

Der Blick bleibt immer auf den Hund gerichtet.

Die Leine wird nun in die andere Hand genommen.

Zum Abschluss soll der Hund sich setzen – so wird Ruhe hergestellt.

Für perfekte Ausführung gibt es ein großes Lob! (Fotos: Reidinger)

Pferd ist diese Variante beiden Vierbeinern angenehmer. Wenn man sich dennoch für den Seitenwechsel vor dem Pferd entscheidet, sollte man den Tieren genügend Sicherheitsabstand gewähren und darauf achten, dass das Pferd den Kopf nicht zum Hund absenkt oder der Hund zum Pferdemaul schleckt oder (spielerisch) schnappt.

Ich übe den Seitenwechsel zuerst ohne Leine durch Handzeichen mit dem Finger und Hörzeichen. Erst dann kann ich auch mit Leine den Seitenwechsel durchführen, da der Hund schon weiß, was ich von ihm möchte, somit kein Leinendurcheinander entsteht und es nicht zur Verletzungsgefahr kommt.

Mit Leine führe ich den Seitenwechsel immer im Stehen durch. Ohne Leine kann ich den Hund auch in der Bewegung des Pferdes wechseln lassen.

Seitenwechsel ohne Leine

Mit Sichtzeichen wird der Hund auf die andere Seite geführt.

Das Pferd darf den Kopf nicht absenken, damit der Hund sich nicht bedroht fühlt.

Die Übung ist erst beendet ...

... wenn der Hund sich am neuen Platz hingesetzt hat.
(Fotos: Reidinger)

Wendung mit dem Hund an der Innenseite: Hier ist darauf zu achten, dass das Pferd dem Hund nicht zu nahe kommt.

Wendung mit dem Hund an der Außenseite: Mit Handzeichen und freundlicher Stimme sorgt man für die Aufmerksamkeit des Hundes und für seine Motivation, am Pferd mitzulaufen.
(Fotos: Reidinger)

Wendungen reiten

Bevor ich Wendungen mit dem Hund am Pferd reite, muss ich meinem Hund in der Grundausbildung vom Boden aus beibringen, dass er mir ausweicht, wenn ich in seine Richtung gehe. So erlernt der Hund die Aufmerksamkeit, sich an meinem Bein

und später am Pferdebein zu orientieren und die Individualdistanz auch gegenüber dem Pferd einzuhalten. Eine gute Übung ist ein Slalom, der mit seinen Pylonen Anhaltspunkte bietet.

Bei der anfänglichen Arbeit vom Sattel aus kann ich den Hund mit dem Hörzeichen „Vorsicht" darauf vorbereiten, dass gleich etwas Neues kommt, in diesem Fall eine Wendung. Später werde ich dieses Zeichen nur noch dann brauchen, wenn ich merke, dass mein Hund unaufmerksam ist. So vermeide ich Unfälle und sorge dafür, dass mein Hund wendiger wird und auch auf plötzliche, überraschende Reaktionen des Pferdes durch eventuelles Erschrecken schneller reagieren kann. Läuft mein Hund in einer Wendung auf der Außenseite, motiviere ich ihn mit meiner Stimme dazu, im notwendigen höheren Tempo zu laufen.

Tempo- und Gangartwechsel

Bevor ich die Gangart beziehungsweise das Tempo wechsle, rufe ich meinen Hund beim Namen, um seine Aufmerksamkeit zu bekommen. So kann er damit rechnen, dass nun ein neues Kommando kommt – zum Beispiel „Fuß", „Aufpassen" für das Angaloppieren oder „Halt" zum Stehenbleiben. So hat der Hund die faire Chance, von Anfang an mitzukommen. Es gibt ihm wieder das Gefühl, im Team dazuzugehören und wichtig zu sein.

Wenn der Hund zu wenig Abstand zum Pferd hält, ist ein Helfer sinnvoll: Er hält die zweite Leine und sorgt dafür, dass der Hund die richtige Position findet. Auf diesem Bild sind alle Beteiligten verunsichert: Das Pferd, da sich der Hund nahe seinem toten Winkel befindet, der Hund, der nahe an seinen Menschen heranmöchte, und der Mensch, der die Situation nicht unter Kontrolle bekommt.

Wenn es mal nicht klappt: Probleme und Lösungen

Was tun, wenn der Hund zu dicht am Pferd läuft?

Wenn der Hund zu wenig seitlichen Abstand zum Pferd hält oder zu dicht hinter dem Pferd läuft, hole ich mir die Unterstützung durch einen Helfer, um ihm die richtige Position zu zeigen. Dafür wird der Hund vom Helfer an einer zweiten Leine geführt. Sobald er dem Pferd zu nahe kommt, gibt der Reiter ein stimmliches Signal, zum Beispiel „Ab". Sofort wird gelobt („Fein"), wenn der Hund den richtigen Abstand gefunden hat und einhält.

Sollte der Hund nicht reagieren, nimmt der Helfer die Leine an, bis der Hund den Abstand gefunden hat; der Reiter gibt dabei die Anweisungen und lobt den Hund. Später kann der Reiter auch selbst die Leine annehmen und mit dem Stimmkommando „Ab" sowie einem Sichtzeichen arbeiten, bei dem der Finger an der Leine in die Richtung zeigt, in die der Hund weichen soll.

Schnell hat der Hund begriffen, wo er laufen soll, und bekommt sofortiges Lob vom Reiter und vom Helfer.
(Fotos: Wittich)

Denken Sie daran, den Hund sofort freundlich zu loben, sobald er sich Ihnen mit dem Blick zuwendet und das Kommando befolgt. Andernfalls distanziert er sich zu weit vom Pferd und fühlt sich nicht erwünscht.

Was tun, wenn das Pferd beim Aufsteigen zappelt?

Ein Pferd, das beim Aufsteigen nicht still stehen bleibt, macht es dem Reiter schwer, in den Sattel zu kommen, und verunsichert außerdem den Hund. Es muss zunächst ausgeschlossen werden, dass das Pferd aus gesundheitlichen Gründen oder wegen unpassender Ausrüstung nicht stehen bleiben kann. Empfehlenswert ist immer, eine Aufsteighilfe zu benutzen, die die seitlichen Kräfte auf den Pferderücken deutlich reduziert und es so auch dem Pferd erleichtert, die Balance zu halten. Dem Reiter hilft eine Aufsteighilfe, sanft in den Sattel zu gelangen.

Für das Pferd ist das Herumzappeln oft eine selbst belohnende Handlung: Wenn das Pferd beim Aufsteigen unruhig ist und der Reiter dann losreitet, hat das Pferd sein Ziel erreicht. Die Korrektur besteht darin, dem Pferd diesen Erfolg zu verwehren. Konkret könnte dies so aussehen: Wenn das Pferd beim Aufsteigen zappelt, wartet der Reiter einen Moment, steigt dann ab, wenn sich das Pferd beruhigt hat, sattelt ab und stellt das Pferd wieder in den Stall oder auf die Koppel. Auf diese Weise wird sich das Problem bald von selbst lösen, da die Erwartungshaltung des Pferdes nicht erfüllt wird.

Auch ausgiebiges Loben des Stillstehens ist eine Konditionierung auf ein erwünschtes Verhalten und bringt schnellen Erfolg: Dazu wird das Pferd gelobt, wenn es beim Aufsteigen nicht zappelt, dann steigt man wieder ab und lobt erneut. Erst wenn das Pferd zuverlässig ruhig stehen bleibt, wird der Ausritt begonnen. So wird das Stillstehen zu einem Erfolg und das gewünschte Verhalten für das Pferd angenehm.

Was tun, wenn der Hund beim Losreiten bellt?

Manche Hunde beginnen beim Losreiten zu bellen, herumzuhüpfen oder das Pferd anzuspringen, um es zum Toben zu animieren. Das macht nicht nur das Pferd nervös, sondern nervt auch den Reiter und die Mitreiter.

Hier gilt das gleiche Prinzip wie bei dem oben beschriebenen Pferd, das vor dem Losreiten nicht still stehen kann. Reitet man los, während der Hund bellt und herumspringt, hat sein Handeln Erfolg, es ist selbst belohnend.

Zur Korrektur bleibt der Reiter stehen, gibt dem Hund ein Abbruchsignal („Hey", „Nein" oder „Aus") und steigt wieder ab. Wenn der Hund aufhört zu bellen, folgt ein freundliches „Sitz"-Kommando, um Ruhe herzustellen, und der Hund wird überschwänglich mit Stimme und eventuell mit Leckerli gelobt.

Auch durch Konditionierung kann man das erwünschte Verhalten erreichen, und der Hund hat gleichzeitig ein Erfolgserlebnis: Dazu lässt man den Hund vor dem Aufsteigen freundlich „Sitz" oder „Platz" machen (je nach Ausbildungsstand und Zuverlässigkeit des ruhig stehenden Pferdes), lobt ihn, stellt dann den Fuß in den Steigbügel (steigt aber nicht auf), nimmt

Eine typische Situation: Der Hund bellt das Pferd an …

… woraufhin das Pferd den Hund mit angelegten Ohren und gesenktem Kopf bedroht.

Um die Situation zu entspannen, kann der Hund mit dem Stimmsignal „Lauf" oder „Voraus" vom Pferd weggeschickt werden und mit freundlicher Stimme motiviert werden, beim Laufen seine überschüssigen Energien abzubauen. Deutlich ist hier erkennbar, dass Hund und Pferd sich nun wohler fühlen.
(Fotos: Wittich)

den Fuß wieder aus dem Steigbügel und lobt den noch immer sitzenden oder liegenden Hund. Der nächste Schritt besteht darin, den Hund während des Aufsteigens für das ruhige Sitzen oder Liegen zu loben, dann einen Moment auf dem Pferd zu sitzen und den Hund wieder zu loben. Sobald der Hund bellt, folgt das Abbruchsignal und der Hund wird freundlich wieder zum Sitzen aufgefordert. Er wird gelobt, wenn er entsprechend reagiert, andernfalls wird das Abbruchsignal wiederholt, der Reiter steigt ab und reitet nicht aus. Durch das Lob wird das gewünschte Verhalten für den Hund angenehm und entwickelt sich für ihn zum Erfolg. Später, wenn dieses Verhalten gesichert ist, braucht der Hund auch nicht mehr sitzen oder abgelegt zu werden, sondern kann auch stehend, aber auf jeden Fall ruhig, auf den Beginn des Ausritts warten.

Auch unterwegs kann es vorkommen, dass der Hund das Pferd anbellt, weil er es mit seinem Hütetrieb anfeuern möchte. Die meisten Pferde reagieren darauf nervös und gestresst. Läuft der Hund frei neben dem Pferd, kann er erst einmal mit dem Stimmsignal „Ab" vom Pferd weggeschickt werden oder das Freigabekommando „Lauf" oder „Voraus" bekommen, um im Freilauf seine angestauten Energien loszuwerden und sich zu lösen. Kennt der Hund das Abbruchsignal „Hey" bereits aus der Grundausbildung ohne Pferd, kann man ihm auch verständlich machen, dass er dieses Fehlverhalten unterbinden soll. Gegebenenfalls wird in eine langsamere Gangart gewechselt und der Hund gelobt, sobald er ruhig ist.

Was tun bei Unsicherheit oder Aggressivität?

Es gibt immer einen Grund, wenn Hunde und Pferde unsicher oder aggressiv aufeinander reagieren. Gerade bei Hunden ist dies oft auf eine schlechte Sozialisationsphase, negative Erfahrungen oder unzureichende Erziehung zurückzuführen. Ein entscheidender Faktor ist auch die Unsicherheit des Menschen – viele Hunde denken dann, sie müssten ihren Menschen beschützen und sind dann überfordert.

Generelle Tipps zur Lösung dieses Problems sind schwierig – der Einzelfall muss genau betrachtet und ein erfahrener Trainer zurate gezogen werden. Auf keinen Fall darf man Hunde und auch Pferde mit Aggressions- und Stressverhalten gegen den anderen Vierbeiner in ihrer Unsicherheit allein lassen. Mit Verständnis und gezieltem Training gelingt es, Vertrauen, Respekt und gegenseitige Achtung aufzubauen, sodass sich Spaß und Freude in dieser Dreiecksbeziehung entwickeln können.

Was tun, wenn der Hund auf Zuruf nicht reagiert?

Normalerweise sollte die Grundausbildung so weit abgeschlossen sein, dass der Hund zuverlässig auf Zuruf reagiert, wenn ich zum Beispiel bei einem Ausritt möchte, dass er zu mir kommt.

Sollte der Hund dennoch nicht auf das freundliche, eventuell mehrmalige Rufen seines Namens hören, kommen ein oder zwei Pfiffe in verschiedenen Steigerungen dazu. Ist der Hund angeleint, nehme ich die Leine sanft an, warte einen Moment, rufe noch einmal den Namen und gebe nach, sobald der Hund reagiert.

Ob mit oder ohne Leine: Immer ist das Timing sehr wichtig. Sobald der Hund sich mir zuwendet, lobe ich ihn mit einem Stimmkommando. So wird der Hund gern umdrehen und zu mir zurückkommen.

Tritt noch nicht die gewünschte Reaktion ein, halte ich nun mit dem Pferd an und gebe das Abbruchsignal „Hey" oder „Nein". Dreht er sich nach mir um, lobe ich ihn und rufe ihn freundlich zu mir zurück.

Je nach Ausbildungsstand und Situation folgt nun bei Nichtbeachtung die vierte Stufe: Ich drehe entweder mit meinem Pferd um und reite in die entgegengesetzte Richtung, oder ich steige vom Pferd ab, gehe zum Hund und erwische ihn im Idealfall im Affekt. Nur dann kann ich ihn am Brustgeschirr oder Halsband fassen (ohne ihn zu schütteln!) und nochmals energisch „Hey" oder „Nein" sagen, damit der Hund mich beim nächsten Mal früher ernst nimmt, und ihn dann zu mir mitnehmen.

Noch einmal sei betont: Ich darf dabei auf keinen Fall nachtragend sein. Ich kann den Hund bei mir ablegen, eventuell kurz ignorieren (kein Blickkontakt, kein Ansprechen, keine Berührung). Kurz darauf muss „die Welt wieder in Ordnung" sein. Dann lobe ich ihn für das Liegenbleiben im Platz mit meiner freundlichen Stimme.

Vertrauen schaffen bei Unsicherheit

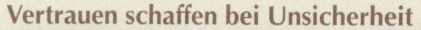

Der Hund ist unsicher, zeigt hier die Demutshaltung und würde am liebsten fliehen.

Dank positiver Motivation durch die Besitzerin ist die Situation hier deutlich entspannter.
(Fotos: Wittich)

(Foto: Wittich)

Auf geht's zum gemeinsamen Ausritt

Nach dem erfolgreichen Training im gesicherten Areal steht dem ersten gemeinsamen Ausritt nichts mehr entgegen. Wichtig ist, dass neben dem sicheren Gehorsam auch die Freifolge am Pferd (ohne Leine) vom Boden und vom Sattel aus geübt wurde. Sie fördert den Spaß und die Gelassenheit beider Tiere, der Hund kann sich zwischenzeitlich lösen und seinem Schnupper- und Bewegungsbedürfnis nachkommen. Auch das Pferd fühlt sich zwischendurch befreiter und nicht bedrängt in seiner Individualdistanz. Das Vertrauen in die Freiheit motiviert zur Teamarbeit. Selbstverständlich geben Sie das Kommando „Lauf" im Gelände erst dann, wenn Sie Ihren Hund jederzeit zuverlässig zu sich heranrufen und bei Fuß gehen lassen können. Das strenge „Bei Fuß" sollten Sie je nach Ausbildungsstand jedoch nicht zu lange verlangen, um die Motivation dafür zu erhalten.

Gesetzliche Regelungen

Um als Reiter die Natur zu genießen und Konflikte mit anderen Nutzern der Erholungslandschaft zu vermeiden, ist es unerlässlich, die relevanten Gesetze zu kennen und zu befolgen. Für Ausritte im Gelände gelten in Deutschland die Gesetze der jeweiligen Bundesländer. Die Landesverbände für den Pferdesport informieren mit Merkblättern, die jedermann anfordern kann, über die jeweils aktuelle Gesetzeslage.

Insgesamt sind die folgenden gesetzlichen Regelungen beim Reiten oder Führen des Pferdes im Gelände und im Straßenverkehr zu beachten:

Straßenverkehrsordnung (StVO)
Straßen-Verkehrs-Zulassungs-Ordnung (StVZO)
Bundesnaturschutzgesetz (BNatSchG)
Bundeswaldgesetz (BWaldG)
Unterschiedliche Regelungen auf Landesebene, zum Beispiel Forstgesetz, Naturschutzgesetz, Landeswaldgesetz, Feld- und Forstordnungsgesetz
Spezielle Verordnungen und Satzungen

Verkehrsrechtlich ist das Pferd unter dem Reiter (und auch, wenn es geführt wird) einem Fahrzeug gleichgestellt und muss als langsames Fahrzeug den äußersten rechten Fahrbahnrand benutzen. Demnach müssen Reiter sich (theoretisch) genauso einordnen, bei Rot anhalten und dürfen den Fahrradweg oder Gehweg nicht benutzen (außer als letztes Mittel zur Abwehr einer Gefahr, zum Beispiel mit einem scheuenden Pferd).

Die allgemeine Leinenpflicht, die auf Kommunalebene von den Gemeinden oder Städten in ihren Satzungen geregelt ist, gilt auch für den Hund, der vom Pferd aus als

Reitbegleiter geführt wird. Nun wollen wir mit unserem Pferd und unserem Hund natürlich nicht nur auf der Straße reiten, sondern die Natur genießen und uns mit unseren Vierbeinern dort erholen. Dabei müssen wir berücksichtigen, dass Beschränkungen und Reitverbote für die Wege in Wald und Flur das Bundesnaturschutzgesetz und die jeweiligen Landesgesetze regeln. So kann jedes Land eigene Regelungen dafür festlegen, ob das Reiten nur auf besonders ausgewiesenen Wegen oder Flächen erlaubt ist, es kann das Reiten zu bestimmten Tageszeiten einschränken und es kann zum Beispiel eine gebührenpflich-

tige Plakette für Reitpferde einführen, die am Pferd geführt werden muss.

Der Hundehalter haftet in Deutschland für seinen Hund im Rahmen der Gefährdungshaftung nach Paragraf 833 (Satz 2) des BGB. Das bedeutet, dass er jeden Schaden ersetzen muss, den der Hund verursacht, unabhängig von der Schuldfrage. So ist es dringend empfehlenswert, dass nicht nur der Mensch, sondern auch das Pferd und der Hund haftpflichtversichert sind.

Die Haltung von Haushunden ist in Deutschland grundsätzlich steuerpflichtig, Hunde müssen eine Steuerplakette am Halsband tragen. Ob und in welcher Höhe Hundesteuer erhoben wird, wird von der jeweiligen Gemeinde beziehungsweise Stadt festgelegt.

Verschiedenen Gesetzesauslegungen und Urteilen zufolge braucht ein Hund, der auf Zuruf gehorcht, auf Straßen mit mäßigem Verkehr in der Regel nicht an der Leine geführt zu werden. Jedoch ist die erforderliche Einwirkungsmöglichkeit nur gegeben, solange sich der Hund im Blickfeld des Reiters befindet. Gemäß einem – allerdings bereits aus den 1960er-Jahren stammenden – Urteil gehört ein Hund an die Leine, wenn er jung, schreckhaft, verkehrsungewohnt, bösartig, verspielt und ungehorsam ist und ihm noch die Unberechenbarkeit, die allgemein im Verhalten eines Tieres zu beobachten ist, anhaftet.

Allgemein richtet sich das Mitführen von Hunden auf öffentlichen Wegen nach der Straßenverkehrsordnung. Auf sonstigen Flächen in der freien Natur dürfen Hunde grundsätzlich frei laufen, wenn keine anderen Regelungen, die durch Schilder angezeigt werden, dem entgegenstehen.

*Auf belebten Fußwegen
oder in schwierigen
Situationen ist es manch-
mal besser, das Pferd zu
führen, um Gefahren-
situationen zu
vermeiden.
(Foto: Wittich)*

Umgang mit anderen Verkehrsteilnehmern

Ein Hund, der gelernt hat, am gelassenen Pferd an der Leine zu gehen und auf die Grundkommandos zu hören, macht allen Beteiligten Freude am Ausritt – so werden uns auch andere Verkehrsteilnehmer als zuvorkommendes, diszipliniertes Team aus Pferd, Hund und Mensch schätzen. Souverän können wir möglichen Schwierigkeiten im Gelände begegnen, zum Beispiel ängstlichen Fußgängern, anderen Hunde-haltern mit möglicherweise unverträgli-chen Hunden, unsicheren Reitern oder hundeunsicheren Pferden sowie Jägern.

Gerade bei noch nicht allzu langer Erfahrung kann es angebracht sein, das Pferd in bestimmten Situationen im Gelände lieber zu führen, um beide Tiere besser kontrollieren zu können und Gefahrenmomente gar nicht erst entstehen zu lassen. Auch das Stehenbleiben mit dem Pferd, während der Hund Sitz macht, dient der Sicherheit aller Beteiligten und sollte sowohl mit als auch ohne Leine problemlos möglich sein.

Insbesondere bei der Begegnung mit anderen Hunden und Pferden im Gelände sollte man anhalten, den Hund Sitz machen lassen und die Aufmerksamkeit beider Tiere auf sich lenken.

Nach guter Grundausbildung gelingt dies natürlich auch, wenn der Hund frei am Pferd läuft.
(Fotos: Wittich)

Reiten an Straßen

Das Reiten im Straßenverkehr ist angesichts der ständig wachsenden Verkehrsdichte schon mit dem Pferd allein eine Herausforderung, auf die man gut vorbereitet sein sollte. Die Sicherheit für alle Beteiligten steht an erster Stelle, und mit einem Pferd, das noch nicht gelernt hat, gelassen mit den Begegnungen auf der Straße umzugehen, sollte man keinesfalls allein an befahrenen Strecken reiten.

Ganz besonders gilt dies natürlich, wenn man einen Hund als Reitbegleiter dabei hat.

Hunde werden im Straßenverkehr an der Leine auf der rechten Seite des Pferdes geführt. Ein jederzeit mögliches ruhiges Halten mit sitzendem Hund ist ein wesentlicher Beitrag zur Sicherheit aller Beteiligten.
(Foto: Wittich)

Zum Überqueren einer Straße wird grundsätzlich vorher angehalten.
(Foto: Reidinger)

Auch dieser muss, wie bereits beschrieben, den Straßenverkehr schon kennen und außerdem zuverlässig auf die Signale seines Menschen reagieren, auch wenn dieser im Sattel sitzt.

Grundsätzlich wird der Hund bei Fuß auf der verkehrsabgewandten Seite, also der rechten Seite des Pferdes, geführt. An engen Stellen kann es sicherer sein, mit dem Pferd anzuhalten und den Hund Sitz machen zu lassen, wenn ein Auto vorbeifährt. Ansonsten gilt wie allgemein bei Ausritten: Im Straßenverkehr reitet man grundsätzlich im Schritt.

Um eine Straße zu überqueren, sollte man grundsätzlich anhalten und den Hund Sitz machen lassen – idealerweise kennt er dies vom Spazierengehen ohnehin nicht anders. Das Pferd muss gelassen und ruhig warten, bis bei freier Straße die Hilfe zum Anreiten kommt.

Reiten in Wald, Feld und Flur

Zur Vermeidung von Konflikten mit Jägern sollte der Reiter auf die Äsungszeiten des Wildes in den Dämmerungsstunden Rücksicht nehmen, um sowohl eine Störung des Wildes als auch der Jagdaus-übung zu vermeiden. Außerdem darf ein Hund in einem Jagdrevier nicht unbeaufsichtigt frei laufen. Der Hund muss sich in Sicht- und Rufweite befinden. Falls Schilder dies verlangen, muss der Hund an der Leine geführt werden.

Das Jagdrecht ist an Grund und Boden gebunden und somit Eigentumsrecht. Der Jäger hat als Inhaber des Jagdscheins ein Revier gepachtet und das Recht zur Jagdausübung. Zum Beispiel in Bayern hat der Jagdberechtigte die Möglichkeit, zivilrechtlich gegen Personen vorzugehen, die ihm als Störenfriede das Wild für die Jagd vertreiben. Der Jäger hat jedoch keine Polizeihoheit und darf so keinem Reiter vorschreiben, zu welcher Tageszeit er im Jagdrevier reiten darf. Möchte ein Jäger einen Reiter daran hindern, einen bestimmten Weg zu benutzen, macht er sich sogar strafbar.

Das Recht des Jägers, auf Hunde zu schießen, wurde im neuen Jagdrecht in Bayern erheblich eingeschränkt. Demnach gilt ein Hund nur noch dann als wildernd, wenn er erkennbar dem Wild nachstellt und dieses gefährden kann. Der Hund muss also das Wild bereits verfolgen und er muss eine Gefahr für das Wild darstellen. Ein Dackel, der einem Hirsch nachläuft, wird diesen wohl kaum gefährden.

Das Pferd ist kein Fahrzeug – deshalb dürfen Reiter grundsätzlich auch Wald-, Feld- oder Privatwege als öffentlichen Verkehrsgrund benutzen. Ausgenommen sind abgesperrte Privatwege oder Privatgrundstücke. In vielen Regionen ist es dennoch von behördlicher Seite verboten, auf bestimmten Wegen zu reiten, um Beschädigungen des Bodens zu vermeiden. So dürfen gekennzeichnete Wanderwege, Sport- und Lehrpfade nicht von Reitern benutzt werden. In manchen Gemeinden wurden im Einvernehmen mit den Naturschutzbehörden geeignete Flächen ausgewiesen, die als Reitwege gekennzeichnet sind (rundes blaues Schild mit weißem Reiter). Auch diese gilt es rücksichtsvoll zu behandeln: deshalb lieber nach einem starken Regenguss auf den Ausritt verzichten, damit durch die Pferdehufe im weichen Boden keine tiefen Löcher entstehen.

Sicherheit für alle sollte höchste Priorität beim Ausreiten haben – hier fehlt leider der Sturzhelm.
(Foto: Reidinger)

Mancherorts ist die Entrichtung einer Gebühr zur Nutzung ausgewiesener Reitwege Pflicht. Man bekommt dann eine Plakette oder eine Quittung, die beim Ausritt mitgeführt werden muss.

Für jeden Ausritt – ob mit oder ohne Hund als Reitbegleiter – gilt es, vor allem für die eigene Sicherheit einige Punkte zu beachten. So sollten ein passender Reithelm und geeignetes Schuhwerk ebenso selbstverständlich sein wie eine zweckmäßige, intakte Ausrüstung von Pferd und Hund. Die Verwendung rissiger Leinen und Bügelriemen ist fahrlässig. Reitet man allein, sollte man am Stall eine Mitteilung hinterlassen, welche Strecke man reiten möchte und wann man etwa zurück sein wird. Bei langen Ausritten sollte man außerdem darauf achten, dass der Hund zwischendurch die Gelegenheit findet, seinen Durst zu löschen, zum Beispiel an einem Bach.

Natürlich wird man erst dann mit Pferd und Hund ins Gelände reiten, wenn beide Vierbeiner an die besonderen Anforderungen, Begegnungen und Geschehnisse in der freien Natur gewöhnt wurden.

Es gilt darüber hinaus der Grundsatz für defensives Reiten, das heißt: Jeder Reiter muss damit rechnen, dass er anderen Menschen begegnet, die wenige oder falsche

Für Hunde ist ein längerer Ausritt recht anstrengend – deshalb sollte man darauf achten, dass sie zwischendurch Gelegenheit zum Trinken finden. (Foto: Reidinger)

Kenntnisse über Pferde und Hunde besitzen und sich entsprechend unpassend verhalten. In diesen Fällen ist es angemessen, nicht um jeden Preis auf eigene Rechte zu bestehen, sondern besondere Vorsicht und Rücksichtnahme walten zu lassen.

Zwölf Gebote für das Reiten im Gelände

Verschaffe deinem Pferd täglich ausreichend Bewegung unter dem Sattel und möglichst auch auf Weide oder Paddock!

Gewöhne dein Pferd behutsam an den Straßenverkehr und das Gelände. Vereinbare alle Ausritte mit Freunden – in der Gruppe macht es mehr Spaß und ist sicherer!

Sorge für ausreichenden Versicherungsschutz für dich und das Pferd; verzichte beim Ausritt nie auf den bruch- und splittersicheren Reithelm mit Drei- bzw. Vierpunktbefestigung! Kontrolliere täglich den verkehrssicheren Zustand von Zaumzeug und Sattel!

Informiere dich über die gesetzlichen Regelungen für das Reiten in Feld und Wald in deiner Region!

Reite nur auf Wegen und Straßen, niemals querbeet, und meide ausgewiesene Fuß-, Wander- und Radwege, Grabenböschungen und Biotope.

Verzichte auf einen Ausritt oder nimm Umwege in Kauf, wenn Wege durch anhaltende Regenfälle weich geworden sind, und passe dein Tempo dem Gelände an!

Begegne Fußgängern, Radfahrern, Reitern, Gespannfahrern und Kraftfahrzeugen immer nur im Schritt und sei rücksichtsvoll, freundlich und hilfsbereit zu allen!

Melde unaufgefordert Schäden, die einmal entstehen können, und regle entsprechenden Schadenersatz!

Spreche mit Reit- und Fahrkollegen, die gegen diese Regeln verstoßen!

Du bist Gast in der Natur, und dein Pferd bereichert die Landschaft, wenn du dich korrekt verhältst!

(Quelle: Deutsche Reiterliche Vereinigung (FN))

Mit Pferd und Hund in der Gruppe

Bevor Sie mit Ihrem Hund als Reitbegleiter mit mehreren Reitern ins Gelände gehen möchten, sollten Sie sich bei diesen erkundigen, ob alle Pferde an Hunde im Gelände gewöhnt sind und ob eventuell noch andere mitgeführte Hunde auch verträglich sind. Ich muss beim Ausritt an den Sicherheitsabstand für meinen Hund denken und die Mitreiter auf den Ausbildungsstand meines Hundes (und Pferdes) hinweisen, sodass sie Rücksicht nehmen können.

Ich kann meinen Hund auch vorausschicken oder hinterherlaufen lassen, wenn er bereits gelernt hat, die Pferde nicht von vorn zu behindern und anzubellen oder sie von hinten zu jagen oder zu treiben.

Es ist auf jeden Fall sinnvoll, erst dann in höheren Gangarten in der Gruppe auszureiten, wenn der Hund schon gut geschult ist und sicher im Training in der Bahn und beim Ausritt allein in allen Gangarten mitläuft. Wenn Sie das Gefühl haben und Ihre Tiere es Ihnen bereits durch Unsicherheit zeigen, dass es noch ein Schritt zu früh war, mit einer höheren Gangart beim Ausritt in einer Gruppe zu beginnen, dann parieren Sie wieder zum Schritt durch, bitten Ihre Mitreiter um Verständnis oder brechen Sie gegebenenfalls den gemeinsamen Ausritt ab und reiten mit Ihren Vierbeinern separat.

Der Gruppenzwang verleitet schnell dazu, die Bedürfnisse der Tiere zu übersehen. Hat speziell der Hund aber deshalb einmal Stress erlebt und schlechte Erfahrungen gemacht oder konnten Sie zum Beispiel ein Anbellen in dieser Situation nicht unterbinden, wird sich dieses Verhalten sehr schnell festigen und ist dann nur langsam und Schritt für Schritt wieder zu korrigieren. Deshalb ist es viel ratsamer, lieber rechtzeitig und in Ruhe einen Schritt zurückzugehen und auf diese Weise das Vertrauen und die Achtsamkeit der Tiere zu behalten, bevor man die Anforderungen nach und nach steigert.

Disziplin und gute Ausbildung sind gefragt, wenn mehrere Hunde und Pferde zusammen ins Gelände gehen. (Foto: Wittich)

(Foto: Reidinger)

Ein kleiner Ausblick

Geschafft! Dank guter Ausbildung ist es uns gelungen, unsere Freizeit gemeinsam mit unseren beiden Vierbeinern harmonisch und konfliktfrei in der Natur zu genießen.

Spätestens jetzt können wir uns guten Gewissens einer Prüfungskommission stellen, um für unseren Hund das Zertifikat „Reitbegleithund" zu bekommen. Die Vor-

*Wer mehr möchte als „nur" Spaß mit seinen beiden Vierbeinern, findet im Horse and Dog Trail den richtigen Wettbewerb und kann sich dann vielleicht schon bald über erste Schleifen freuen.
(Foto: Wittich)*

Weißt du, dass deine Wünsche nur dann in Erfüllung gehen, wenn du zu Liebe und Verständnis für Menschen, Tiere, Pflanzen und Sterne fähig bist, sodass jede Freude zu deiner Freude, jeder Schmerz zu deinem Schmerz wird?

(Albert Einstein)

aussetzungen dafür haben wir: Wir haben uns in unsere Rolle als Vermittler zwischen Mensch und Pferd eingearbeitet, bringen die nötigen reiterlichen Fähigkeiten mit und haben unser Pferd und unseren Hund mit einer soliden Grundausbildung hinreichend geschult.

Die Prüfung zum Reitbegleithund bietet uns ein Ziel, auf das wir uns vorbereiten können, und motiviert uns, unsere Kenntnisse und Fähigkeiten stetig zu erweitern und zu verfeinern. Eine anerkannte Ausbildung zum Reitbegleithund mit Prüfung kann derzeit (Stand: September 2008) nur in Bayern über den Bayerischen Reit- und Fahrverband e.V. absolviert werden. Für die Zukunft geplant ist eine anerkannte Prüfung in Zusammen-arbeit mit der Deutschen Reiterlichen Vereinigung (FN), die auch in die Ausbildungsprüfungsordnung (APO) mit aufgenommen wird. Eine Ausbildung zum Reitbegleithund mit

einer eigenen Prüfungsordnung und Zertifikat bietet darüber hinaus der Verband für Freizeitreiter (VfD) an.

Weiterführende Aufgaben auf das motivierte Dreierteam warten beim Horse and Dog Trail. Durch Spiel und Spaß in speziellen Übungen, auch mit Trailhindernissen, fördern und festigen wir die Partnerschaft mit unseren Vierbeinern.

Der Horse and Dog Trail ist eine immer beliebter werdende Turniersonderprüfung als Breitensportwettbewerb. Hier kommt es in erster Linie auf die gute und harmonische Zusammenarbeit von Pferd, Reiter und Hund an. Sie ist grundsätzlich reitweisenübergreifend und steht daher jedem Pferde- und Hundebesitzer offen.

Doch ob man nun Turnierambitionen hat oder einfach „nur so" mal mit seinen Vierbeinern etwas Neues ausprobieren möchte: Der Horse and Dog Trail ist auf jeden Fall sinnvoll, macht enorm viel Spaß und bietet großen erzieherischen Lernerfolg speziell für den Hund. Für erfahrene Dreierteams mit solider Grundausbildung hält er viele neue Herausforderungen bereit. Nutzen Sie die Gelegenheit, auf einem der nächsten Breitensportturniere in Ihrer Nähe einmal zuzuschauen – die Begeisterung, mit der Pferde, Hunde und Menschen bei der Sache sind, wird auch Sie garantiert nicht mehr loslassen!

Empfehlenswerte Fachliteratur

Günther Bloch:
Der Wolf im Hundepelz
Stuttgart: Kosmos, 2004

Günther Bloch:
Die Pizzahunde
Stuttgart: Kosmos, 2007

Dorit U. Feddersen-Petersen:
Ausdrucksverhalten beim Hund
Stuttgart: Kosmos, 2007

Georg W. Fink:
Gelassenheit im Pferdesport
Warendorf: FN-Verlag, 2007

Rolf C. Frankck:
Hab keine Angst, mein Hund
Ängste bei Hunden erkennen und
abbauen
Brunsbek: Cadmos, 2008

Monika Gutmann:
Mit 10 Metern zum Erfolg
Schleppleinentraining – so geht's
Brunsbek: Cadmos, 2008

Christine Heipertz-Hengst:
Fit fürs Pferd
Brunsbek: Cadmos, 2002

Gabriele Lehari:
Hundeverhalten
Wie Hunde wirklich sind
Brunsbek: Cadmos, 2007

Martina Nau:
Auf und davon
Wie der Jagdtrieb des Hundes
kontrollierbar wird
Brunsbek: Cadmos, 2008

Karen Pryor:
Positiv bestärken – sanft erziehen
Stuttgart: Kosmos, 2006

Robert Schinke:
Erfolg beginnt zuerst im Kopf
Mentales Training für Reiter
Brunsbek: Cadmos, 2006

Linda Weritz:
Gesunder Pferdeverstand für Menschen
Brunsbek: Cadmos, 2006

Kontakt zur Autorin

Zentrum für Pferd & Hund
Sabine Lang
Telefon +49 (0) 175/59 88 799
info@sabinelang.de
www.sabinelang.de

Register

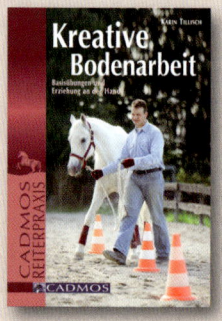